환경생태학

전하준 · 조익환 공저

JN444828

대구대학교출판부

저자소개

- 전하준

  영남대학교 원예학과 졸업
  일본 Tsukuba대학 농학박사
  대구대학교 원예학과 교수

- 조익환

  건국대학교 축산대학 졸업
  오스트리아 비엔나대학 농학박사
  대구대학교 동물자원학과 교수

발　행 | 2011년 3월 15일
지은이 | 전하준 · 조익환
펴낸이 | 홍덕률
펴낸곳 | 대구대학교출판부
　　경북 경산시 진량읍 대구대로 201
　　전화 053) 850-5661~3 | 팩스 053) 850-5669
　　http://press.daegu.ac.kr/
찍은곳 | 남경기획
ISBN 978-89-7794-564-7-93520
정　가 | 9,000원

· 머 리 말

생태학은 생물이 환경 속에서 어떻게 상호작용을 하면서 생명을 유지하고 보존하며 살아가고 있는가를 연구하는, 생물과 환경과의 상호관계의 생명현상을 다루는 학문이다. 그런데, 1970년대부터는 생태학이 변신의 징후를 보였는데, 공해와 환경파괴가 세계적으로 중대한 문제로 대두되면서 지구와 인류를 구하기 위한 과학으로서 원래의 생태학과는 다른 개념으로 인식되기 시작하였다. 원래의 생태학은 생물학인데 새로운 생태학은 경제학이며 사회학, 공학에 가까운 학문이다. 생태학은 자연계에 대한 인류의 간섭과 유용생물의 인류를 위한 이용이라는 문제를 통해 인간사회의 제 문제와 관련해 있으므로 생물학 중에서는 사회과학과 가장 가까운 거리에 있다고 할 수 있다. 근래의 많은 생태학자들이 인간 활동이 생태계에 미치는 영향이 큰 것을 인식하여 그것을 연구하는 일이 생태학 분야에 큰 비중을 차지하게 되었다. 이와 같이 생태계 보존을 위한 생태학의 중요성이 높아가는 가운데 대학에서도 좀 더 많은 사람들이 환경의 중요성과 환경오염의 심각성에 대해 인식을 같이 해야 한다는 생각에 환경생태론이란 과목을 개설하게 되었다.

제 1장에서는 생태학의 역사와 생태계의 기본개념 및 속성에 대하여 설명하였다. 제 2장에서는 개체군의 특성과 상호작용에 대해서 설명하였고, 제 3장에서는 군집의 구조 및 조성과 군집의 상호작용과 발달에 대해서 설명하였다. 그리고 제 4장에서는 환경오염의 종류와 오염의 영향 및 오염의 정화에 대하여 자세하게 설명하였다. 마지막으로 부록에는 환경오염과 관련된 주요한 용어해설을 덧붙여서 이해를 돕고자 하였다.

이 책을 읽는 모든 사람들이 조금이나마 이 책을 통하여 환경과 생물의 상관관계와 환경의 중요성을 인식하고 환경오염을 줄이고 방지하는데 작으나마 기여를 할 수 있기를 간절히 바라는 마음이다. 이 책의 내용에 인용한 많은 연구자의 문헌에 감사드리고, 이 책의 출판을 위해 애써 주신 대구대학교 관계자 여러분께 진심으로 감사를 드립니다.

2011년 3월 대구대학교 생명환경대학 교수 전하준 · 조익환

차 례

Chapter 1 생태계

Chapter 2 개체군

Chapter 1

생태계

1-1 생태학

1-1-1. 생태학의 정의

생태학(ecology)이란 말은 독일의 동물학자 헤켈(Haeckel)에 의해 1866년에 처음 세상에 나왔다. 이것은 그리스어의 oikos(家, 주거지)와 logos(학문)의 조합어이다. 헤켈은 Ökologie를 Wisenschaft der Haushalt(생활 또는 가계의 과학)이란 의미로 조어(造語)를 해서 생물과 다른 생물과의 관계 또는 생물과 그것을 둘러싼 환경과의 관계의 과학이라고 정의를 내렸다.

즉 생태학은 생물이 환경 속에서 어떻게 상호작용을 하면서 생명을 유지하고 보존하며 살아가고 있는 가를 연구하는, 생물과 환경과의 상호관계의 생명현상을 다루는 학문이다.

1970년대부터는 생태학이 변신의 징후를 보였는데, 공해와 환경파괴가 중대한 사회문제로 대두된 가운데 지구와 인류를 구하기 위한 과학으로서 원래의 생태학과는 다른 개념으로 인식되기 시작했다. 원래의 생태학은 생물학인데 새로운 생태학은 경제학이며 사회학, 공학이며 생물학은 아니다. 생태학은 자연계에 대한 인류의 간섭과 유용생물의 인류를 위한 이용이라는 문제를 통해 인간사회의 모든 문제와 관련해 있으므로 생물학 중에는 사회과학과 가장 가까운 거리에 있다고 할 수 있다.

생태학을 대상으로 분류하면 다음과 같다.

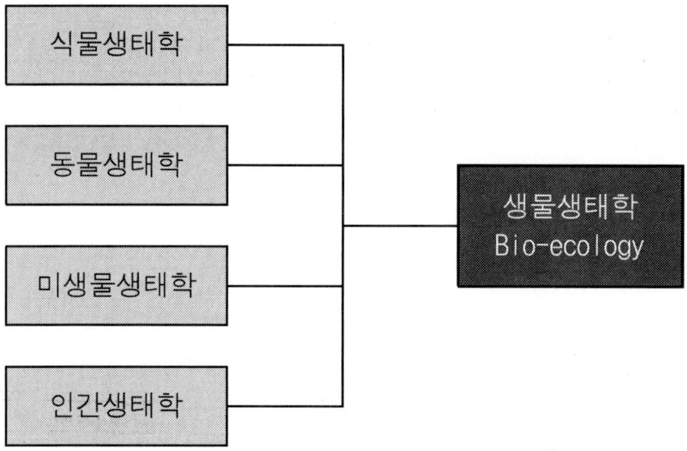

그 중에서 식물생태학(plant-ecology)은 식물이 자연 조건 하에서 어떻게 생활하고 있는가를 연구하는 학문으로 그 연구대상에 따라 아래와 같이 4군으로 나눌 수 있다.

- 식물의 개체
- 식물 집단인 개체군
- 개체군 상호간의 생물 군집(개체군을 둘러싼 전체 생물의 집합체)
- 생물군집과 무기적 환경을 포괄한 생태계

또한 개개의 식물과 그 환경에 대한 반응을 중시하는 개체생태학과 식물군집의 구성, 발달 및 분포의 원리를 연구하는 군집생태학으로 대별하기도 한다. 개체생태학을 기초로 군집생태학, 그리고 그것이 발달하여 공해와 환경 파괴까지 확대하여 연구하는 총괄적 학문으로 해석하기도 한다.

1-1-2. 생태학의 의의

생태학의 연구는 자연과학의 여러 분야의 학문과 상호관계를 가지며 궁극적 목표인 인류의 행복을 위하여 생물의 생활과 환경에 대한 현명한 관리의 기초를 제공하는 것이다.

1-1-3. 생태학의 역사

1) 고대에서 18세기까지

생태학도 다른 자연과학과 마찬가지로 초기에는 생물분포에 대한 관심과 자연현상에 대한 관찰에 집중되었다. Theophrastus(372-288 B.C.)의 "Historia Plantarum"(식물지)나 "De Causis Plantarum"(식물 원인론)에서 식물의 계절현상과 수직분포에 관한 지식 등의 식물지리학의 기본적인 사실이나 법칙성을 기술하고 있다. 또, Aristoteles(384-322 B.C.)는 "Historia Animalium"(동물지)에서 생육 환경에 따른 동물의 분류 또는 동물의 생활사의 연구 등을 기술하였다. 이와 같이 생태학의 먼저 생물지리학 또는 자연지(自然誌)의 형태로 탄생했다. 이런 전통의 그 후에 중세에까지 계속되어 Buffon의 "HIstoire Naturelle, Generale et Particuliere"(1749) 등에 집대성하게 된다.

2) 19세기에서 현대까지

19세기에 들어와서, Ecological Science를 법칙과학으로 구축한 사람은 A.von Humboldt(1769-1859)로 그의 자연에 대한 시각은 모든 현상간의 관련, 상호적인 작용, 반작용의 관계를 파악해서 자연계의 현상을 어디까지나

종합적인 입장을 지키며 법칙의 추구에 따른다는 것이었다. 그는 식물에 대한 상관적(相觀的)인 시각을 확립하고, 식물 군집에 대해서 "association"이라는 개념을 도입해서 각각의 식생구(植生區)와 지구상의 온도의 분포를 관련시킴으로서 생물 분포의 질서를 확립하려고 함으로서 근대 생태학의 첫발을 내디뎠다고 할 수 있다.

원래 생물지리학적인 색채를 띠고 시작된 생태학이 19세기에 들어와서 새롭게 편성되기 시작함에 있어서 훔볼트적인 식물지리학의 이념이 선구적인 역할을 한 것은 흥미로운 사실이다. 19세기의 초기에 들어서서, 단지 개별 기재적(個別記載的)인 단계를 넘어서 법칙과학으로서의 생물지리학 내지 군집학의 건설이 추구된 것은 의미 있는 일이다.

19세기의 초기에는 식물 집단에 대해 주로 외면적인 고찰이 행해졌으나 다윈의 출현에 의해 내부기구에 메스를 대게 됐다. 그는 진화 요인론의 입장에서 생존 투쟁과 과잉 번식의 문제 등을 통해서 생물 공동체나 사회구성원 상호간의 사회적인 관계에 대해 해명하게 됐다. 같은 시기에 이론가인 헤켈(Haeckel)은 처음으로 Ökologie라는 명칭을 붙이고 보통의 생리학과 구별했다. 토양과의 관련을 논한 Unger, 식물을 수분에 대한 요구도에 따라 6개의 그룹으로 나눠 분포의 법칙성을 논한 A.de Candolle, 계절현상을 기초한 Hoffmann, 생활형의 시스템을 논한 Kerner, Griesebach, Drude 등이 있는데, 헤켈의 생태학의 규정은 이와 같은 흐름을 배경으로 해서 탄생한 것이다.

헥켈의 정의가 기초가 되어 그 후의 생태학에는 개체생태학(個体生態學; autecology) 또는 환경생태학(environment ecology) 과 군집생태학(群集生態學; synecology) 또는 생물 사회학(biosociology)의 2대 분류로 나누어지게 되었다. 이때부터 생태학은 명실 공히 정비되어 생태학으로서의 자각을 가지고 활발한 연구가 진행되었다. 이때의 많은 연구 업적으로 현대 생태학이 생물학의 한 분과로 정립된 것은 19세기 후반이며 근대 생태학의 기초를 구축한 사람은 G.L.L Buffon, A.von Humboldt, T.R.Malthus 이다. Buffon은 프랑스의 박물학자로 동식물과 지질, 광물에 관하여 해박한 지식을 가졌으며 조류, 파충류 및 어류의 생활상과 습성에 관한 많은 연구를 하였다. 그가 특히 관심을 가진 것은 동물 상호간의 관계와 동물의 습성 및 환경에 대한 적응 문제이었고, "환경이 장구한 세월에 걸쳐서 서서히 그러나 확실히 동물을 변화시킨다."고 주장하였다. Humboldt는 독일의 박물학자로 기후와 지형이 생물에 어떠한 영향을 끼치는가를 탐구하여 생물지리학을 개척하였다. Malthus는 영국의 경제학자이자 통계학자로서 저서 "인구론"에서 식량은 산술급수적으로 증가하지만 인구는 기하급수적으로 증가한다고 주장하였다. Malthus의 이와 같은 주장은 생물의 개체군이나 군집에 대한 연구의 도화선이 되었다.

그 외에도, A.R. Wallace는 열대 동·식물의 습성, 분포, 색채, 진화 등에 관하여 연구를 하였고 L.G. Saint-Hilaire는 가족생활이나 사회생활을 하는 동물의 상호관계를 연구하는 학문을 Ethology라 하였다. E.H. Haeckel은 주로 개체를 연구대상으로 "개체는 내부형성요인인 유전과 외부 형성 요인인 환경과의 협동으로 생성된 산물이다"라고 주장하여 후자를 연구하는 학문이 생태학(ecology)이라고 하였다. Humboldt가 개척한 생물지리학은 J.E.B. Warming, A.F.W. Schimper 등에 의하여 체계가 세워졌으며 그들에 의하여 식물생태지리학의 골격이 구성되었다. R. Hesse는 식물생태지리학을 모방하여 동물생태지리학을 확립시켰다. 이들 생물지리학자들이 쌓은 업적은 생물군집과 환경과의 관계를 구명하는 군집생태학을 발전시키는 기반이 되었다. Malthus 이후 K.Mobius와 S.A.Forbes가 오늘날의 "개체생태학" 또는 "군집생태학"의 개발에 선도적 역할을 하였다.

20세기 전반에서의 생태학의 중심지도자는 F.E. Clements와 V.E. Shelford로 두 사람이 공저로 "Bioecology"를 발간했으며 동물군과 식물군은 전체로서 조화가 이루어진 하나의 시스템을 갖춘 것이라고 하여 생물군집

(biotic community)이란 용어를 사용하였다. 영국의 A.G. Tansley는 생물과 무기환경을 분리할 수 없는 하나의 통합체로 보고 생물군집에 환경을 더한 통합체를 생태계라고 하였다. 생태계의 기능면에 있어서는 C. Elton의 먹이 연쇄, R.L. Lindeman의 동적 영양 단계의 분석 등이 획기적 연구 업적이었다. 1960년대 이후 우수한 생태학자들이 속출했으며 인간 활동이 생태계에 미치는 영향이 큰 것을 인식하여 그것을 연구하는 일이 생태학 분야에 큰 비중을 차지하게 됐다. 최근 20년 간 기술혁신으로 생태계와 같은 크고 복잡한 조직체를 양적으로 다룰 수 있게 됐으며, 생태학 연구에 Tracer(추적자)기술, 분석화학(Spectrum analysis, Chromatograpy), 자동감시, 수학 모델, 전자계산기기술 등을 구사하게 된 것이 바로 그것이다.

1-1-4. 현대 생태학의 특색

현대 생태학의 특색으로 먼저 측정의 정량화(定量化)를 들 수 있다. Stebler와 Schroter의 Quadrat methode법, Jaccard의 공통계수와 Raunkiaer의 빈도법을 시작으로 야외 집단의 양적인 측정법이 확립되어, 야외조사의 정도(精度), 신뢰성, 객관성이 크게 향상되었다. 이러한 분야는 계량통계학(計量統計學; quantitative ecology) 또는 통계생태학(統計生態學; statistical ecology)이라고 부르기도 한다.

다음은 Cowles와 Clements의 노력으로 군집천이설(群集遷移說; theory of plant succession)이 확립되어, 소위 동적 생태학(動的生態學; dynamic ecology)의 신 분야를 연 것이다.

또한, 환경요인이 식물에 미치는 영향을 개념으로 지표(指標)식물의 개념 또는 식물계(植物計)의 방법을 탄생시켰다. 이러한 것들이 "Biological environment"를 완전하게 평가하지는 못하지만 환경개념의 변혁이 행해지고 그러한 개념이 강해진 것도 하나의 특색이라고 할 수 있다.

다음은 실험 개체군 내지 실험 사회학의 방법이 취해지고, 군집의 기능의 문제에 관해서도 생리학적 수법에 의해서, 특히 생장과 물질생산을 중심으로 해석하는 생리생태학이 발달하였다.

또 군집의 분류, 분포를 논하는 생태지리학 그 외, 종(種)생태학, 염색체의 수와 입지(立地)와의 관련을 문제로 하는 세포 생태학, 초지생태학, 잡초생태학, 농업생태학 그리고 응용생태학에 대한 관심이 높아 가는 것이 특색이다.

1-2 생태계

1-2-1. 생태계(生態系; ecosystem)의 정의

생태계는 생물과 환경이 하나의 체계를 이룬 것을 말한다. 생물군집과 상보적(相補的)관계에 있는 환경이 하나가 되어, 에너지와 물질이 유전(流轉)해서 순환하고 있는 기능적 계(系)이다. 생물군집과 환경 간에는 밀접한 상호 관계가 있다. 이 관계에는 기후나 토양이 생물군집에 작용하고, 군집은 토양 또는 군집 내의 기후 즉 미(微)기후에 작용하는 에너지와 물질이 군집의 움직임에 의해 환경으로 흡입되어 생물체가 되고 군집 내의 생물 간을 유전(流轉)한 후 환경에 되돌아가는 작용이 있다.

생태계는 큰 것에서 작은 것, 육상에서 수중으로, 실험실에서 야외에 이르기까지 다양하고, 또한 각각 생물적·무생물적 요소의 독특한 구성체이기는 하지만 공통적인 구조와 기능적인 속성을 갖추고 있다.

1) 개체군(population)

하나의 종으로 만들어진 집합체를 말한다. 한 가지 종 이상의 관련되는 종을 포함한 집단은 이종(異種)개체군(inter species population) 또는 다종(多種)개체군(multiple species population)이라고 한다.

자연계에서 많은 종이 공존해서 생활하는 상태의 경우는 종 개체군(species population)이라고 한다. 하나의 개체군에도 나이(age)를 달리하는 성장 계급 집단을 생각할 수 있다.

2) 군집(community)

많은 종 개체군이 공존하는 집단을 말하며 식물공동체(phytocoenosis) 또는 동물공동체(zoocoenosis)가 그 예이다.

3) 생물공동체(biocoenosis)와 생태계

동식물이 공존하고 있는 집단을 생물공동체라고 하고, 생물군집과 그것을 둘러싼 환경을 포함한 기능계를 생태계라고 한다. 생태계의 개념이 생물공동체와 다른 점은 생물이 어떤 장소에서 생존하고 있다는 것은 그 생물이 주어진 환경 하에서 물질생산을 행하고 있다는 것이다. 기온, 일사량, 생육시기, 우량 등의 환경조건은 항상 식물의 생활사, 생산을 통해 제어하여 하나의 통일계인 생태계를 이룬다.

1-2-2. 생태계의 구조

여러 가지 요소가 서로 관련을 가지면서 전체로서 공통의 목적을 달성하는 집합체라는 시스템의 개념으로 생각한다면, 생태계는 생물적 부분과 무생물적 부분으로 크게 두 가지의 서브시스템(sub-system)으로 구성되어 있다. 무생물적 서브시스템은 태양에너지, 대기, 물, 영양염류가 있다. 생물적 서브시스템은 생산자(producer), 소비자(consumer), 분해자(decomposer)로 나눌 수 있다.

생산자는 무기물에서 유기물을 생산하는데, 녹색식물 외에 플랑크톤, 수초, 해조류 등이 있다. 식물은 스스로 영양물질을 만들어 내므로 독립영양생물이라고 한다.

소비자는 생산자가 만든 유기물을 직접 또는 간접으로 소비하는 생물로 동물이 이것에 해당한다. 동물은 다른 생물에 의존하여 생활하므로 종속영양생물 또는 유기영양생물이라고 한다.

분해자는 동식물의 고사체나 배설물을 먹이로 하여 이것을 무기물로 분해하여 무생물적 환경으로 돌려보내는 역할을 하는 생물군으로 대부분의 세균과 곰팡이가 그것이다. 분해자는 유기영양을 행하므로 소비자라고도 할 수 있는데, 유기물을 무기화(無機化)하는 역할이 생태계에서는 중요한 의미를 갖는다.

Odum은 생태계를 영양단계(trophic level)의 시점(視點), 먹이를 통한 에너지의 흐름이라는 관점에서 보면 다음과 같이 분류할 수 있다고 하였다.

1) 무기물(nonorganic matter)

이산화탄소, 물, 질소, 인 등의 무기물질로 이들은 생태계 중에서 대기권, 생물체, 토양, 물 등을 순환(循環, circulation)한다.

2) 유기물(organic matter)

생물 또는 비생물 관련의 단백질, 지질, 부식물질 등의 유기물로서 분해자의 에너지원 또는 물질원이 되며 수계(水界)생태계에서는 생산자의 영양원이 되기도 한다.

3) 물리적 환경(physical environment)

공기, 물, 기후, 토양조건 등의 물리적 환경으로 생물이 생산을 행할 때의 조건이 되어 생물생산의 제한요인이 되기도 한다.

4) 생산자(producer)

녹색식물 또는 수계(水系)의 식물 플랑크톤으로 광합성과 화학합성을 하는 자(自)영양 생물로 일차생산자 또는 기초생산자라고도 한다.

5) 소비자(consumer) 또는 2차 생산자(secondary producer)

다른 생물을 포식(捕食)하는 타 영양 생물로 거의 모든 동물이 해당된다. 생산자가 만들어 낸 대부분이 탄수화물로 된 유기물을 섭취하여 단백질을 주로 하는 유기물을 생산한다.

6) 분해자(decomposer), 소형소비자(micro consumer) 또는 환원자(reducer)

수중 또는 토양 중의 미생물들로서 유기물을 다시 무기물로 분해한다.

모든 생태계는 이들 구성원이 갖추어져 있으나 특수한 경우는 일부가 없는 경우가 있다. 예를 들면, 종류굴속의 생태계에서는 생산자가 없으므로 소비자는 바람이나 물에 운반되어온 유기물을 먹이로 하여 생존한다. 또한, 인간이 생태계의 일부를 제거한 경우가 있는데, 록키 산맥의 사슴을 보호하기 위해서 맹수를 제거한 결과 사슴으로 인해 침엽수가 초원으로 변해버린 경우도 있다.

모든 시스템에는 입력과 출력이 있는데, 시스템 내의 물질의 움직임은 순환적이다. 생태계를 하나의 시스템으로 보면, 생태계에도 영양단계에 따라 다음과 같은 입력과 출력이 있다(그림 1).

생태계의 생물군집 전체의 입력 : 광, 에너지, 물, CO_2, 영양염류

⇩

생산자의 출력 : 생산된 유기물질, 방출된 O_2 , 고정된 에너지

⇩

소비자의 입력 : 생산된 유기물질, 방출된 O_2 , 고정된 에너지

⇩

소비자의 출력 : 열의 방출, 배설물, 생물량의 증가

⇩

분해자의 입력 : 생산자, 소비자의 배설물 및 고사체

⇩

무기물로 분해되어 무기적 환경으로 환원

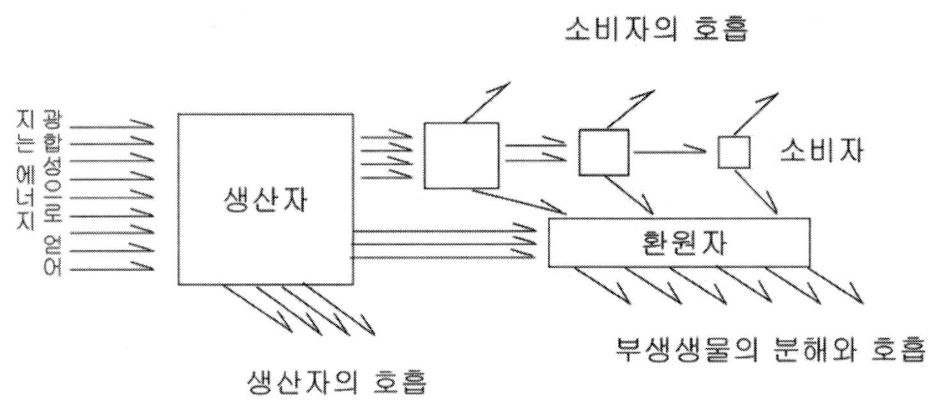

그림 1. 생태계에서 에너지의 흐름

1-2-3. 생태계의 영양구조

1) 생물적 요소의 양적 표현

개체수 ; 1~2종의 생물을 나타내는 경우에 편리하다.

생물량 ; 단위 면적(용적)내에 존재하는 생물체의 중량을 나타낸다.

미국학계는 생물량 대신 현존량(standing crop)이라고 표현하는데, 현존량은 중량만이 아니고 개체수, 탄소 또는 질소 등의 물질, 에너지에도 적용되어, 현존개체수, 현존 탄소량, 현존 에너지량으로도 나타낸다. 탄소는 식물의 광합성으로 합성되는 유기물을 나타내며, 질소는 단백질을 주성분으로 한 동물의 먹이의 움직임을 나타내는데 사용한다. 에너지의 양을 사용하는 것은 태양 광선에서 식물, 동물 및 미생물을 잇는 유일한 공통 척도이기 때문이다.

2) 영양 구조(trophic structure)

생태계의 생물적 요소 또는 생물종간(生物種間)에 보이는 먹히는 관계로 된 구조.

먹이 연쇄(food chain) : A → B → C → D

(A : 영양 단계 ; trophic level)

3) 생태적 피라미드(ecological pyramid)

생태계의 생물적 요소간의 수량적 관계를 나타내기 위해 영양단계의 밑에서 위로, 개체수 또는 현존량을 쌓아 가면 위로 갈수록 작아지는 피라미드형이 된다. 이것을 생태적 피라미드라고 한다. 개체수로 나타낼 경우의 피라미드는, 지상부는 분리되어 있어도 뿌리가 서로 붙은 경우에는 분리의 기준이 애매하고 또 기생연쇄의 경우에는 영양 단계가 높을수록 생물의 크기가 작아지고 개체수가 증가해서 피라미드가 도립하므로, 이런 불합리 때문에 현존량의 피라미드를 사용한다.

4) 생물군집 간의 현존량의 이용효율

생물군집의 현존량은 영양 단계가 높을수록 작아진다. 먹이를 취하는 생물의 현존량에 대한, 먹히는 생물의 현존량의 비를 구하면, 각 영양 단계에서 어느 정도의 생물(또는 물질)이 윗 단계의 생물(요소)에 이용되고 있는 가를 알 수 있다.

1-2-4. 생태계의 기능

생태계의 구성요소의 양적인 표현에 사용된 현존량은 일정시간의 단면에 존재하는 수량을 나타내는 정적(靜的)인 것이다. 생물이 생장해서 증식하고, 먹히고, 수명이 다해서 죽고 하는 변화로 일정시간 내의 에너지 또는 물질이 증감하면서 생태계가 안정되어 있는 것은 생산된 물질에 의해 시스템의 경제가 성립하기 때문이다. 생태계에는 두 가지의 주요한 기능이 있다.

1) 생물생산(물질생산)

일차생산 : 생산자가 무기물에서 유기물을 합성해서 생물체를 만드는 것
이차생산 : 소비자가 완성된 유기물을 소비해서 생물체를 재합성하는 것

지구는 대기권외에서는 평균 700kcal/㎠/일, 대기권내의 지표면에는 가시광으로 평균 55kcal/㎠/일의 광에너지를 받고 있다. 인간은 곡물 수확,

어류포획 등으로 유기물을 수확하고 있는데, 이러한 수확물은 에너지를 유기물로 변화시켜 고정하는 생태계의 작용 즉 생물생산으로 태양광과 밀접하게 연관되어 있다. 다른 동물과 마찬가지로 인간은 그 생활을 생태계의 생물생산에 완전히 의존하고 있다. 생물생산은 자연군집의 가장 중요한 특성 중의 하나로 생각된다.

(1) 일차 생산

지구상의 생물권의 순 일차 생산량의 총계는 연간 건조 중량으로 170×10^9t으로 육상 군집은 해양 군집보다 높은 생산력을 가지고, 지구 생산력의 2/3는 육상에서 만들어진다.

육상의 생물량은 $1,800 \times 10^9$t으로 해양 플랑크톤의 100배 이상이 된다. 인간은 생물권에서 $1,200 \times 10^6$ t/년의 식물과 90×10^6 t/년의 동물을 먹이로 취한다.

인간에 의한 이들의 섭취와 공업 활동에 의한 에너지 방출은 전체 생물권의 에너지에 비하면 아주 적지만 생물권에 대한 인간의 압력은 증대일로에 있다.

① 광합성 : 태양 에너지와 CO_2와 무기 영양 염류에서 유기물을 합성하는 생물은 클로로필을 가진 식물과 세균 클로로필(bacterial chlorophyll)을 가진 광합성 세균이다.

육상에 번성하는 초목은 종자식물이라 불리는 고등식물과 태류, 양치류. 지피류가 있다. 수중의 종자식물에는 뿌리를 가진 수초가 있고, 식물플랑크톤은 녹조류, 규조류, 난조류로 뿌리가 없다.

세균 및 곰팡이는 생물분류상 식물에 속하지만 생태학에서는 광합성과 화학합성을 하는 소수의 그룹을 제외하고는 분해자로 취급한다.

일차 생산을 기초생산이라고도 하는데 지구상 일차생산의 대부분은 녹색식물의 광합성에 의해 행해진다. 광합성의 과정은 다음 식으로 표시된다.

$$6CO_2 + 6H_2O + 688\text{kcal} \underset{\text{호흡}}{\overset{\text{광합성}}{\leftrightharpoons}} C_6H_{12}O_6 + 6O_2 \quad (\text{A식})$$

이와 같이 탄수화물을 만드는 것 만이라면, 질소나 인 그 밖의 원소를 포함한 영양염류는 필요치 않다. 그러나 식물체를 구성해서 활동하는 데는 탄수화물만으로는 부족하다. 그래서 광합성의 역반응인 호흡으로 탄수화물이 분해하는 도중에 생기는 중간 산물에서 단백질, 핵산, 색소 등 여러 가지 물질을 식물체내에서 만들어 내는데, 이때 영양염류가 필요하다. 그래서 다음 식으로도 표시할 수 있다.

$$CO_2+H_2O+M \underset{\text{호흡(에너지의 방출)}}{\overset{\text{광합성(광 에너지의 흡수)}}{\leftrightharpoons}} [CH_2O\text{-}M]+O_2$$

M : CO_2와 H_2O이외의 무기물질전체

포도당 1g 분자를 만드는데 688kcal의 광 에너지가 필요하다. 고등식물은 광 에너지의 약 1% 정도가 광합성에 사용되고 나머지 대부분은 물을 증발시키는데 사용된다. 자연계의 녹색식물은 대부분 광에너지의 1%의 이용만으로 일차생산을 행하고 있다.

클로로필을 가진 광합성 세균의 광합성은 다음 식으로 나타낼 수 있는데, 물 대신 황화수소(H_2S)나 수소(H_2)를 이용해서 광화학적으로 이산화탄소를 탄수화물로 전환하지만, 산소는 방출하지 않는다.

$$nCO_2 + 2nH_2X \rightarrow (CH_2O)n + nH_2O + 2nX$$

X : H_2와 결합하고 있는 원소

(n = 6, X에 O를 넣어보면 A식과 원칙적으로 같은 것을 알 수 있다.)

② 화학 합성 : 화학합성 세균은 광 에너지를 받아들이는 색소를 가지지 않고 암모니아, 아질산, 황화수소, 유황 등의 무기물을 산화해서 그때 유리되는 에너지를 이용해서 이산화탄소와 물에서 유기물을 합성한다.

예) 아질산 세균의 일종인 Nitrosomonas는 암모니아를 산화해서 아질산이 될 때 유리되는 에너지를 이용한다.

$$2NH_3 + 3O_2 \rightarrow 2HNO_3 + 2H_2O + 158kcal$$

이때의 에너지를 광 대신 사용해서 (A식)처럼 CO_2와 H_2O에서 유기물을 합성한다.

또 유황세균은 황화수소를 산화한다.

$$2H_2S + O_2 \rightarrow 2H_2O + 2S + 65kcal$$

이때 생성된 유황은 세균의 세포 내에 소과립의 형태로 축적되고, 황화수소가 없을 때에는 황산으로 산화되어 그때 유리되는 에너지가 이용된다.

$$2S + 3O_2 + 2H_2O \rightarrow 2H_2SO_4 + 283.6kcal$$

③ 생산자의 총생산량과 순생산량

식물의 1차 생산은 광 조사(照射)시에 단위시간당 방출되는 산소의 량을 측정하면, 포도당으로서 합성되는 유기물량을 알 수 있다. 이때 합성되는 포도당의 중량과 방출되는 산소의 중량은 거의 같다.

식물은 광합성에 있어서 광 에너지를 가지고 이산화탄소에서 유기물을 만들지만 그 외의 모든 활동은 식물체내의 유기물이 호흡으로 산화될 때 유리되는 에너지를 행하고 있다.

따라서 광합성과 동시에 역반응인 호흡이 항상 진행되고 산소를 흡입해서 이산화탄소를 방출한다. 야간은 물론 호흡만 진행한다. 그러므로, 광합성에 의해 생산된 유리물의 일부는 호흡에 사용되어 감소하므로 순수생산량은 총생산량에서 호흡량을 뺀 것이 된다. 이것을 순생산량이라 하며, 식물의 생장에 돌아가는 분(分)이다.

④ 물질 생산의 측정

일차 생산력 : g/m^2/년 또는 $kcal/cm^2$/년으로 나타낸다.

생산력은 속도를 나타내는 것으로 현존량 또는 생물량 g/m^2 또는 kg/m^2, t/ha과 구별한다.

측정 방법

a. 수확법(harvest method)

인공 삼림의 경우 모두 같은 연령이라면 40년생과 50년생의 양자를 조사해서 건물중의 차를 10으로 나누면 (연간 1차 생산력의 대체의 치가 된다.) (물론 낙엽, 꽃, 과실 등의 손실, 동물에 의한 피식 가지, 근의 고사손실 등을 보정)

b. 조사면적 내의 식물의 흉고, 직경, 엽면적으로 추정

삼림의 고목과 그 하부는 1,200(건조중량)g/m^2/년이 순생산량의 전형적인 치이다.

c. 광합성능력 측정

총생산량 = 순생산량 + 호흡량 2,650 = 1,200 + 1,450(g/m^2/년, 졸참나무)

→ 55%가 호흡, 나머지의 45%가 동물이 피식

* 총생산량 = 호흡량 + 무생물 호흡량 + 동물의 호흡량 + 생물량 증가

⑤ 육상의 물질생산

적절한 기후조건하의 육상 식물 군집의 순1차 생산량은 표준적으로 1,000~2,000g/m^2/년이며 온대림은 1,200~1,500g/m^2/년, 열대림은 3,000g/m^2/년 정도이다.

수분과 토양 양분만으로 높은 생산력을 나타내는 군집은 한정되어 있고, 농업에서 고수량을 위해서는 특정 품종을 선발해서 해충의 손실을 줄이고 관개, 연속적인 시비 등 막대한 기술과 노력 및 비용의 투입으로 이루어 질 수 있다. 실제로 세계의 식량생산은, 생산력의 제약, 환경과 농업기술의 한계, 정치적 문화적 경제적 상황 등 복합적 이유로 제한된다.

그러므로, 식량 생산의 제한과 인구 증가의 문제는 심각하다고 할 수 있다.

⑥ 해양의 생산력

지구 표면을 크게 점유하는 해양 생물군은 생각보다는 생산력이 낮으며 유기물 생산이 가능한 층은 대개의 외양(外洋)에서 수심 30~100m 범위가 된다. 북해 해역의 연평균 순 생산량은 150(건조중량)g/㎡/년이며, 열대(熱帶)의 외양(外洋)은 40~120g/㎡/년, 대륙붕에 가까운 호적 조건에서는 약 1,000g/㎡/년, 최적 조건에서는 3,000g/㎡/년, 북극 만년빙은 2g/㎡/년 정도가 된다.

⑦ 생물 생산의 회전

회전율(turn over rate) ; 생산량(P_gP_n)을 현존량으로 나눈 치를 회전율이라 한다.

총생산량이 18.5 t/ha이고 현존량이 0.37t/ha 이면 회전율은 50이 된다.

억새 초원의 회전율은 0.64, 삼림의 회전율은 0.4 정도가 된다.

회전율은 일반적으로 생물이 작을수록 크다.

최근에는 순 생산량에 대한 현존량의 비를 P/B계수라 하고 회전 속도를 나타낸다.

R/B계수는 호흡 속도 즉 단위 체적 당 호흡량으로, 작은 생물일수록 큰데, 소형일수록 P/B 계수가 큰 것은 이 때문이다.

(2) 이차 생산

동물이 먹은 음식은 소화의 과정에서 일부는 소화되지 않고 체외로 배출되고 일부는 간단한 물질로 분해되어 체내에 흡수되어 동물체의 구성에 참가해서 동물을 생장시키고 증식시킨다. 따라서 동물(소비자)과 유기영양 미생물(분해자)이 섭취한 유기물의 재합성 과정은 역시 생산이라 생각할 수 있다. 이와 같은 생산을 2차 생산이라 한다.

동물 개체의 경우

총생산량 : P_g = C- F　　C: 섭취량, F: 불소화(不消化) 배출물

순생산량 : $P_n=P_g-R-U$　　R: 호흡 소비량, U: 대사 배출량

생산량 : G=C-F-R-U-Lf-Rp　　Lf: 탈락량, Rp: 재생산

① 동물 사양

생태계에서 영양단계가 올라 갈수록 생산량은 저하한다. 따라서 인간의 식료로 동물을 사육할 경우, 식물 에너지를 동물 단백질로 바꾸어 주는 식식(植食)동물은 다른 동물을 먹는 육식동물보다 사람의 입에 들어가기까지의 먹이 연쇄를 단축해서 도중의 에너지 손실을 감소시키는 점에서 유리하다. 육용(肉用)가축은 식식(植食)동물이 가축화 된 것으로 축산업은 생태학적으로도 합리적이다.

그러나, 어업은 남획에 의한 자원부족으로, 잡는 어업에서 키우는 어업으로 전환하고 있는데, 양어에서는 먹이 연쇄의 단축이 무시되어 있다. 양어는 현재 냉동 생선 또는 어분을 주성분으로 한 배합사료를 이용하고 있

으나, 어분을 만드는 생선을 사람이 먹는 것이 훨씬 경제적이다. 수자원이 더욱 고갈되면 이런 경영 형태가 될 수도 있을 것이다.

2) 생물적 농축(濃縮, concentration)

생물적 농축은 멍게가 V(Vanadium)을 해수에서 흡취(吸取)하는 것으로 알져진 사실인데, 최근 방사능을 위시한 유해물질에 의한 환경오염의 문제와 관련해서 생태계의 중요한 기능으로 생각되게 되었다.

농축이란 내용물을 진하게 하는 것으로, 생물체가 특정의 물질을 체내에서 선택적으로 흡수하여 축적하는 것이다. 예를 들면, 해수 중에는 거의 모든 화학 원소가 존재한다. 그러나 그 농도는 소수의 원소를 제외하고는 극히 낮아 검출이 곤란한 것이 많은데, 수중에서 검출할 수 없는 원소가 어떤 종의 생물에는 많이 들어 있는 것이 알려졌다. *Ascidia mentula*라는 멍게의 근막체(筋膜體)에는 V를 건중량으로 6,500ppm(0.65%) 함유하고 있다. 같은 멍게라도 *Didemnum candidum*은 3ppm 밖에 함유하고 있지 않다. 그 외의 멍게 종류에는 V외에 동족 원소인 Nb(니오브)를 농축하는 것도 있고, V도 Nb도 농축하지 않는 종류도 있다.

(1) 농축 계수

화학원소, 방사성핵, 화합물 등의 생물체내의 농도와 매질(媒質)의 농도의 비를 농축계수라고 하며 생물적 농축의 지표로 쓴다. *Eudistoma ritteri*라는 멍게는 Ti(티탄)을 10만 배 정도 농축하는 것이 알려져 있다. 굴이 구리나 아연을 체내에 축적하는 것이 잘 알려져 있는데, 굴이 구리를 축적해서 "녹색굴" 로 불릴 때 농축계수는 10^4~10^5에 달한다. 미국의 행포드 원자력시설에서 폐액이 Columbia강에 유출되어 강의 생물에 다량의 방사성이 축적되어 문제가 됐는데, 이 시설에서 일하는 사람의 정기 검사에서 아연의 방사성핵 종류인 ^{65}Zn가 인체 내에 들어온 경로를 추적한 결과, 시설에서 560Km의 하구에서, 50Km떨어진 Willapa만의 굴에서 대량의 ^{65}Zn이 검출됐다. 굴속의 방사능은 생체중 1g당 약 100pc(피코큐리), (1pc=10^{-12}c로 1c는 3.7×10^{10}/sec의 원자 붕괴를 나타냄)에 달했다. 해수중의 농도를 조사하기 위해지1톤의 물을 정량했으나 ^{65}Zn의 검출은 불가능했다. 굴속의 량은 해수농도의 10~100만 배로 추정된다.

생물의 농축계수는 본래 생물이 환경과 대사에 의해 동적 평형을 유지하기 위한 분배계수이다. 따라서 이 계수가 일정치를 유지하기 위해서는 생체 농도는 환경조건 즉 수온, pH, 물의 화학적 조성 등에 의해 현저하게 변한다. 해수는 이와 같은 요인의 변화가 비교적 적으므로 농축계수의 지역 차는 적지만 담수에서는 차이가 큰 편이다.

(2) 생물적 농축 경로

생물적 농축의 제 1 경로는 매질과 접하고 있는 체표 면에서의 용액상의 물질의 직접적 흡수이다. 식물 플랑크톤에 의한 농축은, 용액상의 영양염류와 함께 이 경로에 의한 것이라고 생각된다. 또 수중에 사는 동물도 체표 면에서 흡수를 하는데, 담수어는 아가미를 통해서, 해수어는 지느러미를 통해서 칼슘이나 스트론튬(Sr) 등을 흡수한다. 제 2 경로는 섭식(攝食)이다. 이 경로에 의한 농축은 생태계에 있어서 먹이연쇄를 통해서 더욱 진해진다. 생물이 무엇 때문에 특수한 금속을 농축하는지는 분명하지 않다. 단지, 멍게는 V이 혈색소 헤모바나진의 금속 성분이고, 또 굴은 아연이 알카리성의 호스파타제 라는 효소와 결합하고 있는 것이 알려진 정도이다.

(3) 수중 생태계에 있어서의 생물적 농축

생물적 농축은 대부분 수중의 생물에서 볼 수 있지만 수중 생태계의 전영양단계를 망라한 생물적 농축의 연구는 많지 않은 편이다. DDT에 오염된 호수에서 10일간에 307마리의 물새가 집단으로 죽은 예가 있는데, 호수의 DDT 농도는 0.006ppm이었지만 수생식물과 조류(藻類), 무척추동물, 어류, 물새라는 호수의 영양단계를 거치면서 물새의 지방체(脂肪體)에는 무려 77만 배의 DDT가 농축되어 있었다.

1965년 일본의 니이가타현의 쇼와(昭和) 전기공사(電工)의 소송(訴訟)에서는, 강의 생태계의 먹이 연쇄를 통한 유해물질의 생물적 농축이 재판의 쟁점이 되었는데, 아세트 알데히드 합성 공정의 촉매로서 사용한 메칠 수은이 유출되어 강의 생물군집의 먹이 연쇄를 통해 농축되어 고기를 먹은 주민이 발병하였다고 입증되어 환자 측에 위자료를 지불한 예가 있다.

(4) 육상 생태계의 생물적 농축

육상의 생태계에서 생물적 농축으로 문제가 된 것은 DDT, BHC 등의 유기 염소계 살충제의 대량사용에 의한 환경오염이다. 식물에 대해 산포된 살충제는 첫째 식물체를 통해서 둘째는 토양 내의 생물군집을 통해서 양쪽 모두 먹이 연쇄를 통해 농축된다(그림 2).

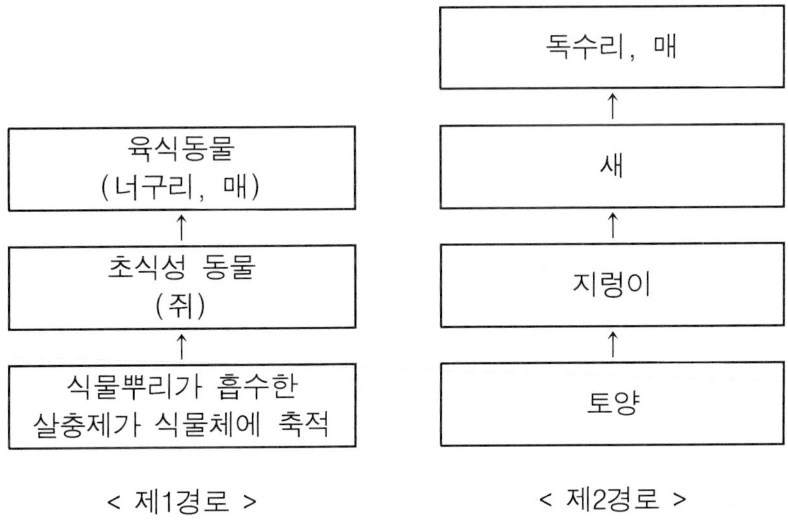

그림 2. 생물적 농축의 경로

살충제는 해충이 약제에 대한 저항성이 생기면 계속해서 새로운 살충제를 개발해야 하므로 지구 오염은 가속화된다.

자연 환경에 방출 또는 산포된 유해물질은 극히 소량, 저 농도라 하여도, 생물체에 직접 흡수되거나 먹이 연쇄를 통해 생태계 내의 생물 또는 최고차 소비자인 인간에 위험한 농도로 농축된다. 농축의 정도는 물질의 종류, 생물의 종류 그리고 먹이 사슬 단계의 수에 따라 천차만별이다. 어떤 물질이 환경에 방출된 경우, 농축계수가 1 이하의 생물도 있고, 수십만 배에 달하는 것도 있다. 사람에게 유해물질이 다량으로 축적되어 발병하기 전에 새나 고기의 집단 사망 같은 적신호로 위험을 미리 알 수도 있으나, 사전에 피해가 나타나지 않았을 때에는 갑자기 먹이 사슬의 최종단계인 인간에게 죽음이라는 비참한 결과를 초래할 수도 있다.

1-3 생태계의 물질순환

생태계에서는 생물체를 구성하고 있는 원소가 빠른 속도로 순환하고 물질대사(물질의 형태변화)와 에너지 순환이 이루어져 물질순환의 균형이 유지되고 있다. 생태계의 범위는 깊이 수천 m의 해저로부터 높이 수천 m에 달하는 고산대까지가 해당된다. 그러나 지구의 반경 약 6,400㎞에 대해 생태계의 두께는 사과의 껍질 정도로 아주 미미하다고 할 수 있다.

지구상에 생명이 출현한 것은 지구가 탄생한 46억 년 전부터 약 10억 년이 경과된 후이고 그 후 다양한 환경변화에 대응하여 생물이 진화하여 지금의 생태계가 구성되어 왔다. 생태계를 구성하는 생물체의 질량은 기타 지구 화학권(기권, 수권, 암석권)에 비하면 무시할 수 있을 정도이나 화학적 활성이 매우 큰 영역이다. 생태계의 질량이 과거 5억 년에 이르러서는 거의 일정하여 그 평균 수명을 1년으로 가정하였을 때, 이 기간에 생태계를 통과한 물질의 전체 양은 지구의 전체 질량에 필적할 만한 정도이다(Mason, 1966). 지구의 탄생으로부터 지금까지를 하루라고 하면 인류의 탄생은 하루가 끝나기 약 40초 전, 문명의 발달에 의해 인간 활동이 활발하게 된 것은 하루 마감 약 0.04초 전에 불과하다고 할 수 있다. 그러나 최근 인간 활동의 증가에 따라 생태계내의 물질순환의 균형이 붕괴되어 지구규모의 환경문제가 발생하고 있다.

1-3-1. 물질순환

생태계에 있어서 물질의 순환을 나타낸 것은 그림 3이다. 생태계의 물질순환의 기본적인 cycle은 태양에너지의 이용에 의해 대기 중의 이산화탄소가 유기물[$(CH_2O)_n$]로 변환되고 산소분자가 생성되는 것이다. 여기에 많은 원소가 상호 관여하여 복잡한 물질순환이 성립되어 그 균형이 유지 되고 있다.

생물체는 주로 탄소, 산소, 수소, 질소로 구성되고 그 외에 주요 영양원소(P, K, Ca, Mg, S, Cl : Na은 동물에게는 필수적이지만 식물에 있어서는 필수적이 아니다)와 미량원소(Fe, Cu, Mn, Zn : 동물 · 식물에 필요, B, Mo, Si : 식물에만 필요, Co, I : 동물에만 필요) 등으로 구성되어 있다.

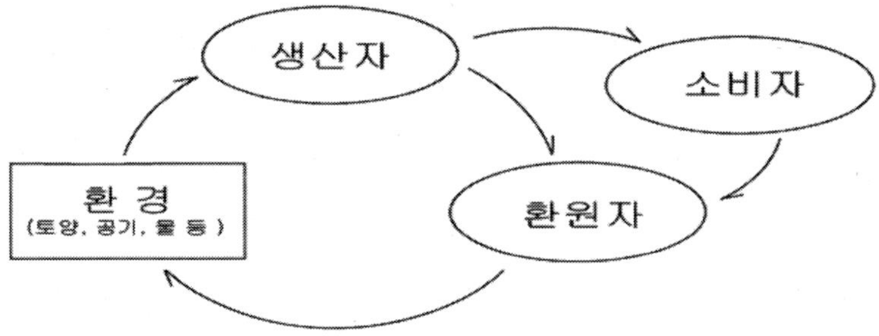

그림 3. 생태계의 환경과 생물 간의 물질순환

1) 탄소의 순환

지구에 있어서 C의 주요 저장원과 저장량을 나타낸 것은 표 1이다. 주요 저장원은 지각(암석)이고 석유나 석탄 중에도 많이 함유되어 있다. 그러나 이들 탄소의 순환속도는 상당히 느려서 본래 순환에는 거의 관여하지 않는다. C는 생물체의 가장 기본적인 요소의 한가지이고 녹색식물에 의해 무기태로 부터 유기태로 변하며 또한 생물체가 죽으면 미생물의 작용에 의해 분해·무기화 되어 생물권 중에서 활발하게 순환된다.

표 1. 지구에 있어서 탄소의 현존량

저장원	현존량 10^{15}g(10억톤)	저장원	현존량 10^{15}g(10억톤)
대기권		육상생물·토양	
이산화탄소 336 ppm	712	식물 단수명	130
메탄 1.41 ppm	3	장수명	700
일산화탄소 0.11 ppm	0.2	식물합계	830
기타 기체	0.05	동물	1~2
대기권 합계	715	인간	0.03
		박테리아	2
수권(해양)		균류	1
용존 무기탄소	37,400	생물 고사체	30
용존 유기탄소	1,000	낙엽	60
현탁 유기탄소	30	이탄	160
생물	3	토양유기물(이탄 제외)	1,500
수권 합계	38,500	육상생물·토양 합계	2,300~2,600
		지반·암석권	
		퇴적암	56×10^6
		화성암	9.6×10^6
		석유·석탄	5,000~10,000

육상식물의 광합성에 의해 연간 약 1,000억 톤의 C가 CO_2로서 대기 중으로부터 흡수되고 식물의 호흡, 토양유기물의 분해에 의해 대략 500억 톤의 C가 CO_2로 대기 중으로 되돌려져진다. 그러나 화석연료의 연소와 열대림 등 삼림의 벌채에 의해 연간 20억 톤의 C가 CO_2로 대기 중으로 방출된다. 한편 해양에서는 대기와 해수간의 물리·화학적 과정에 의해 대기 중에 연간 약 1,000억 톤의 C가 CO_2로 방출되고, 대기 중으로부터

해수 중으로 약 1,040억 톤의 C가 흡수되고 있다. 대기 중의 CO_2 농도는 산업혁명 이전에는 약 280ppm이었으나, 그 이후 서서히 증가하여 1960년에는 약 320ppm에 이르고 1989년에는 약 350ppm으로 증가하고 있다. 화석연료의 연소에 의해 연간 약 50억 톤의 C가 CO_2로 방출되고 있으나 그 중 50~60%가 대기 중에 머무르고 나머지는 해양이나 육상 식물에 의해 흡수된다고 알려져 있다. 현재 에너지의 대부분은 화석연료에 의존하고 있고 또한 삼림의 벌채가 진행되기 때문에 대기 중의 CO_2 농도는 계속적으로 증가하리라 예상된다.

2) 질소의 순환

N는 생물체의 주요한 구성원소이고 다음과 같은 특징을 가지고 있다.

(1) 원자가가 다른 화합물(질산 : +5, 아질산 : +3, HNO : +1, 질소가스 : 0, $HONH_2$: -1, NH_3 : -3)로서 존재하고 미생물 등의 작용에 의해 형태를 변화시켜 식물에 의한 동화의 기질이 된다.

(2) 최대 저장원은 대기이고 그 78%가 질소가스(N_2)이다. 그러나 N_2는 불활성의 기체이고 대부분의 생물은 그것을 직접 이용하는 것에 지나지 않으나 어떤 종의 생물에 의해서만 동물이나 식물이 이용할 수 있는 화합물(고정질소)로 변화된다(질소고정작용).

(3) 인공적으로 N을 고정하는 기술의 개발에 의해 대량의 고정 질소가 비료로서 이용되어 생물권에 도입되고 있다.

생물권에 있어서 N 순환의 특징적인 경로는 질소고정과 탈질이다.

질소고정은 원핵생물인 세균과 남조류에 의해 이루어진다. 여기에는 독자적인 질소고정과 공생의 2가지가 있는데, 전자는 *Azotobacter*나 남조류가 대표적인 것이고 후자는 콩과식물과 근류균 등이 해당된다. 질소고정이 활발하게 행해지고 있는 장소로서 삼림지대, 콩과식물의 경지, 바닷가(남조 *Tricodesmium*이 증식하는 열대 지역) 등이 있다. 한편 1914년 독일의 Haber와 Bosch에 의해 개발된 N의 공업적 고정기술에 의해 대량의 질소가 고정된 화학비료로 이용되게 되었다. 이와 같은 공업적인 질소 고정량은 자연계에서의 질소 고정량의 50%에 달하는데, 그 양은 2000년에 1억 톤을 넘고 있다.

한편 탈질작용은 질산 호흡이라고도 하며 생태계 내에 산소가 없게 되면 질산이 산소를 대신하여 전자수용체로서 이용되는 반응이다. 탈질 반응의 생성물은 통상 N_2이나, 그것이 이산화질소(NO_2)나 아산화질소(N_2O)인 경로도 존재한다. 탈질작용이 활발하게 행해지고 있는 장소는 무산소 상태가 만들어진 토양, 수전, 빈 산소 수역, 환원적인 퇴적물 등이다.

대규모의 합성비료의 생산과 질소고정을 행하는 콩과식물을 재배하기 전에는 자연의 고정 작용에 의해 대기 중에 머물러 있던 N의 양과 탈질에 의해 대기 중에 되돌아오는 N의 양은 거의 평형이라고 알려져 있다. 그러나 현재는 인간활동의 증가에 따라 질소 고정량이 탈질량을 넘어서서 과잉의 고정 질소가 생물권에 축적되어 있다. 그 결과, 그것이 하천, 호소, 지하수에 유입하고 수권을 부영양화 시켜 물질순환의 균형을 붕괴하고 있다. 또한 화석연료의 연소나 산 화재, 화전에 의한 연소 능 인간 활동의 영향에 의해 질소산화물이 대기 중으로 방출되어 그 농도도 증가하고 있다.

금후 과잉 고정질소의 생산을 억제하고 고정과 탈질 작용의 균형을 취하는 대책이 절실히 요구된다.

3) 인의 순환

P은 핵산이나 ADP, ATP의 구성성분으로서 유전정보나 에너지대사에 중요한 역할을 담당하고 또한 인지질로서 세포막에 함유되어 뼈나 치아 등의 중요한 성분이 되고 있다.

P에는 C, N, S와 달리 본래 기체로서 존재하는 화합물이 아니다. P은

바람에 의해 대기 중으로 운반되나 체류시간이 짧으므로 대기 중에 현존량이 매우 적다. P의 주요한 저장원은 암석이나 퇴적물이다. 이들은 서서히 풍화되어 인산염을 방출하나 그 대부분이 용탈되어 하천 등을 통해서 최종적으로는 바다에 운반되며 비로소 침강하여 퇴적물로 되어 버린다. 또한 채굴된 인광석은 연간 약 1억 톤(P으로 약 1,500만 톤)이고, 그 대부분은 화학비료로서 사용되고 일부는 토양 중에 축적되나 최종적으로는 바다에 운반된다. 이와 같이 P은 재순환하지 않고 육지로부터 해양으로 수송되는 원소로 알려져 있다.

자연계에서 P은 생물이 필요로 하는 양에 비해 부족하기 때문에 질소와 함께 생물생산에 제한인자가 되는 경우가 많다. 그러나 농산물의 생산력을 높이기 위해서 과잉으로 사용되고 있는 비료로부터 용탈되어 생활폐수, 가축폐수 등의 증가와 함께 수역(水域) 중에 P이 축적되어 호소 등 폐쇄된 수역에서 적조의 발생을 초래한다.

대부분의 P은 광석으로서 순환하기 어려운 형태로 암석권에 존재하고 있으나, 현재는 화학 비료로서 생물에 이용되기 쉬운 형태로 변하였다. 이들도 인간활동에 의해 물질순환의 균형을 파괴한 예이다. 금후 P 자원의 고갈을 고려한다면 적정량의 비료를 사용하는 것이 필요하다.

4) 황의 순환

S은 아미노산(시스테인, 시스틴, 메티오닌)의 형태로 단백질 중에 존재하고 있다. 또한 수권이나 토양 중에서는 주로 유황이온(SO_4^{2-}), 황화이온(SO^{2-})으로서, 대기 중에서는 이산화유황(SO_2), 유황수소(H_2S) 등의 기체로서 존재하고 있다.

생체 중의 S은 사후에 미생물에 의해 분해되어 H_2S로 환원되고, 연안지역에서는 해수 중의 SO_4^{2-}가 환원된 H_2S로서 방출된다(연간 약 2,000만 톤). 이들은 대기 중에서 최종적으로 SO_4^{2-}로 산화된다. 해수 중의 SO_4^{2-}는 바다의 염 입자로서 물보라와 함께 대기 중에 공급된다(약 1억 4,000만 톤/年).

또한 화석연료의 연소나 금속정제에 의해 연간 약 1억 1,300만 톤의 S이 방출되고 있다. 유황산화물은 질소산화물과 함께 산성비의 원인물질이고 선진국에서는 국제조약에 의해 이들의 배출량을 삭감하는 대책이 준비되거나 시행되고 있다. 그러나 개발도상국 등의 일부 나라에서는 에너지원으로서 황 함유량이 많은 석탄이 사용되고 있고 유황 산화물의 배출량은 앞으로도 계속 증가되리라 예상된다.

대기 중의 유황화합물은 체류시간이 짧기 때문에 CO_2와 같이 대기 중의 축적은 없으나, 대부분이 강수 등과 함께 지표에 되돌려 진다. 화석연료의 연소에 의해 방출된 SO_2는 생물권에 있어서 S의 순환속도를 가속시키고, 산성비로서 강하하여 육상 생태계에 중대한 영향을 미치고 있어, 그 발생원에 대한 대책이 중요한 과제로 되고 있다.

1-3-2. 물의 순환

생태계에서 가장 풍부한 물질은 물이고 약 14억 ㎦의 물이 다양한 형태로 존재하고 있다. 물은 분자량 18의 매우 단순한 화합물이나 다른 물체에서는 볼 수 없는 특이한 성질을 많이 지니고 있다. 또한 물에 의해 생태계가 온화한 기후가 유지되고 생물의 생존이 가능하게 된다.

1) 물의 특성

물은 다음과 같은 특성을 지니고 지구상, 생물체내에서 중요한 기능을 담당하고 있다.

(1) 끓는 점 100℃, 융점 0℃이고 액체의 온도범위가 넓다.

(2) 증발열 : 액체 중에서 최대이다. 해면으로부터 증발된 수증기는 대기 중에서 물로 변할 때에 대량의 열을 방출하고 대기의 운동 에너지원이 된다. 생체 내에서는 체내에 축적된 여분의 열은 땀과 함께 방출되어 체온이 일정하게 유지된다.

(3) 비열 : 체액 중에서 최대이다. 지구표면적의 약 71%는 바다이며 생물권의 기후완화의 역할을 담당한다.

(4) 밀도 : 4℃에서 최대가 되고 그 이상에서는 온도와 함께 감소한다. 물이 얼게 되면 밀도가 감소하여 얼음은 물에 뜬다. 호수 표면이 얼어도 밀도가 큰 물이 바닥에 침하하여 수중의 생물은 생존할 수 있다. 암석이 분할되는 경우는 물이 얼게 되면 체적이 팽창하고 암석은 부셔져 풍화된다.

(5) 표면장력 : 액체 중에서 최대이다. 토양 중에 물을 축적하여 높은 나무의 꼭대기까지 물을 상승시킨다.

(6) 유전율(誘電率) : 액체 중에서 최대이고 전해질을 잘 녹인다. 천연수 중에서 많은 물질을 녹여 물질순환에 큰 역할을 담당한다. 생체 내에서는 영양소 등이 물에 용해되어 흡수, 운반, 배설된다.

2) 지구상의 물의 현존량과 순환

지구상의 물은 액체(해수와 담수), 고체(빙, 눈), 기체(수증기)의 형태로 존재한다. 이들의 양과 체류시간을 나타낸 것이 표 2이다.

표 2. 지구상 물의 양과 체류시간

구 분	저장량(㎦)	수송량(㎦/年)	평균 체류시간
해 양	1,349,929,000(97.5)	418,000	3,200년
빙 설	24,230,000(1.75)	2,500	9,600년
지하수	10,100,000(0.73)	12,000	830년
토양수	25,000(0.0018)	76,000	0.3년
호소수	219,000(0.016)	-	수년~수 백년
하천수	1,200	35,000	13일
수증기	13,000	483,000	10일
총 계	1,384,517,000(100)		

지구상에서는 총량 1.38×10^9㎦(1.38×10^{24}g)의 물이 존재하고 있다. 그 중 97.5%가 해수로서 존재하고 담수(지하수, 호소수, 하천수)로서 존재하는 양은 매우 적다. 이 적은 양의 담수를 우리들은 수자원으로 이용하고 있다.

순환의 속도를 나타내는 지표로서 체류시간이 이용되고 있다. 이들은 어떤 상태의 물이 전부 입수할 때 요하는 시간으로 다음과 같이 나타낸다.

$$T = W/ w$$

여기에서 T는 체류시간, W는 어떤 상태로 있는 물의 전체 양, w는 단위시간 당 유출량 또는 유입량이다. 표 2에 나타난 바와 같이 해양의 평균 체류시간은 3,200년, 빙설은 9,600년으로 길지만 지하수의 체류시간은 지역에 따라 현저하게 달라 1년 이내로부터 1만년 이상인 경우도 있다. 인체 중의 물의 체류시간은 약 20일이다.

지구 규모에서의 중요한 물의 순환은 강수, 증발·증산, 수증기의 수송이라는 3가지 경로로 행해진다. 대기 중의 수증기량이 일정하다고 생각하면 연간 강수량과 증발량은 동일하게 될 것이다. 그러나 육상에서는 강수량이 많고 반대로 해양에서는 증발량이 많아 그 차이가 약 40×10^3㎦/年에 달한다. 이들 물은 대기 중에서는 해양으로부터 수증기로 육지에 운반되고 또한 동일한 양의 물이 육지로부터 하천 · 지하수맥을 통해 바다에 운반되게 된다. 지구의 온난화, 열대림의 대규모 벌채 등의 영향에 의해 물의 순환 균형도 붕괴되고 있다. 매년 세계 각지에서 홍수나 한발이 반복되거나 건조화 · 사막화되는 지역도 증가되고 있다.

이상과 같이 생태계에서 물질순환은 인간 활동에 의해 각가지 영향을 받아 그 균형이 붕괴되고 있는 현실이다. 그러므로 지금까지 얻어진 과학 지식을 결집하여 긴급하고 적절한 대책을 강구해 나가는 것이 우리들이 해야 할 일이다.

Chapter 2

개체군

2-1 개체군의 특성

2-1-1. 개체군(population)의 정의

특정 시간에 특정 공간을 점유하고 있는 동종(同種)의 생물군이라 정의한다.

개체군이란 동시에 같은 장소에서 같이 생활하는 동종의 개체 그룹이라고 생각할 수 있다. 이것은 개체군의 모든 구성원의 공존과 서로간의 잠재적인 상호작용 내지는 상호 연락을 의미함과 동시에, 그 개체군은 공간적으로 분명히 정의되는 것을 의미한다. [경상북도의 도민] 또는 [팔공산의 소나무 숲]과 같이 지리적인 경계를 정하는 것으로 인위적인 것인 경우가 많지만, 그 경계는 분명한 개체군 단위를 둘러싸고 있는 것이어야 한다.

개체군은 구성원끼리 다양한 상호 작용을 한다. 즉 서로 간의 활동으로 협동도 하지만 먹이나 서식(棲息)공간 등의 부족한 필수자원을 둘러싸고 서로 경쟁도 한다. 또한 상호작용으로 새로운 개체를 만들기도 하고 한편으로는 오래된 개체는 죽어간다.

개체군을 둘러싸는 환경은 다른 종과의 경쟁 또는 포식자, 기생자 등의 압력을 가져오기도 하고, 먹이나 은닉 장소 등과 같은 자원을 개체군에 공급하기도 한다. 또 다른 개체군으로부터의 이주자(移住者)도 있고, 다른 개체군으로의 이출자(移出者)도 있다.

개체군 시스템의 구조와 기능에 대한 개념을 그림 4에 나타내었는데, 개체군을 동적인 시스템으로 생각할 수 있다.

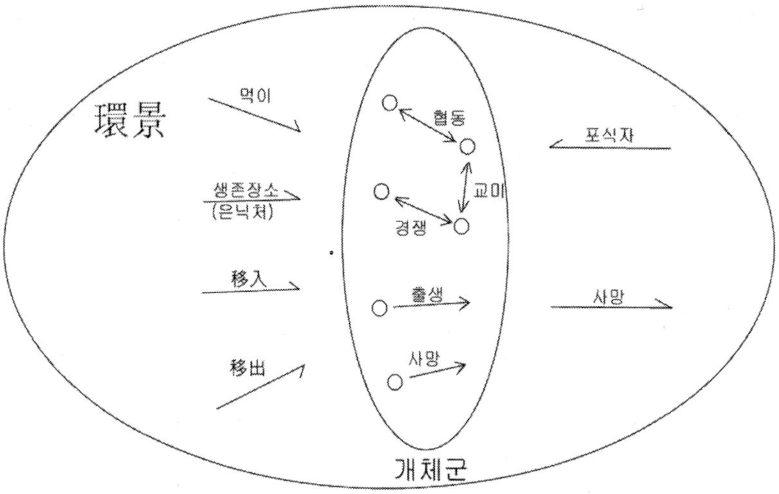

그림 4. 개체군 시스템의 구조와 기능

2-1-2. 개체군의 예

자연 군집 중에 있는 어떤 개체군을 매년 관찰하면, 개체군은 상당히 안정되어 있는 듯이 보인다. 울창한 소나무 숲이나 삼나무 숲 등은 매년 눈에 뜨일만한 변화가 없어 마치 시간을 초월해서 존재하고 있는 듯이 느껴진다. 낙엽수는 계절에 따라 변화는 보이지만 매년 여름이면 똑 같은 모습을 하고 있다. 그러나 실제로는 소나무 숲에서도 죽는 개체가 있고 다시 생겨나는 것도 있다. 그래서 안정이라는 것은 "상대적"인 안정이라고 해야 할 것이다. 그렇다면 많은 자연군집에서 다양한 종개체군의 상대적 안정을 어떻게 해석해야하는가 하는 것이 문제가 될 것이다

개체군의 안정성은 실제의 예를 보면 보다 알기가 쉬워진다. 다음에 네 가지 식물개체군과 네 가지 동물 개체군의 예를 보기로 하자.

1) 성숙한 삼림 수목

성숙한 졸참나무 숲을 관찰해 보면, 수령(樹令)을 50년 단위로 구분하면 다음 수령구분에 도달할 때까지 일정한 %가 소멸된다. 하나의 개체군에서 또는 하나의 수령구분에서 단위시간 당 소실되는 개체수를 보통 "사망율(death rate)이라고 한다. 예를 들어 50년에 50%가 소실되면 사망률은 0.5/50년 또는 0.1/10년이 된다. 마찬가지로 새로 생겨나는 개체들의 "출생율"도 생각할 수 있을 것이다. 대체적으로 출생율과 사망률이 동일하지 않아서 밀도의 변화가 생기기는 하지만 성숙한 삼림에서는 상대적으로 안정된 개체군을 유지하고 있다고 할 것이다.

2) 태풍에 의해 소실되는 삼림 수목

북아메리카의 아팔라치아 산맥에는 광대한 소나무류의 숲이 번성하는데, 이들은 태풍에 의해서 주기적으로 피해를 입는다. 어릴 때는 바람의 해를 입지 않으나 점점 자라서 키가 커지고 나무가 서로 엉키게 되어 어린 나무는 자랄 수 없을 정도의 고밀도의 성숙한 삼림이 되면 태풍에 의해 쓰러지게 된다. 쓰러진 자리에는 일시적으로 다른 종류가 자라긴 하지만 어린 소나무류가 다시 번성하여 이전과 같은 숲이 되고, 200년 정도가 되면 다시 넘어지는 것을 반복하게 된다. 이 개체군의 경우는 지속적인 번식이 아니고, 때때로 일어나는 폭발적인 번식에 의해 유지가 된다. 폭발적인 번식에 이어서 성장기, 그리고 개체수의 변화가 거의 없는 성숙기가 있는데, 번식기에서 다음 번식기까지의 시간은 일정하지 않고 원래 의미의 주기적은 아니지만 개체수의 변화는 주기적 또는 순환적이라고 할 수 있을 것이다.

3) 온대 벼과 초원(prairie)

온대 벼과 초원의 우점(優占)종은 벼과 식물로, 이들은 목본 식물에 비해 기후의 변동에 의한 피해를 받기 쉽다. 우점종은 기후 변동에 의해 급격히 감소하는 수가 있으며, 이 시기에는 다른 종의 식물이 일시적으로 우점종이 되기도 하지만 생존에 적절한 환경이 되면 다시 우점종으로 돌아온다.

졸참나무의 삼림에 비해서는 안정적이지 못하여 평균밀도를 중심으로 크게 변동을 하지만 항상 존재한다는 의미에서는 상대적인 안정이라고 할 수 있을 것이다.

4)버들 난(*Epilobium angustifolium*)

산 화재(山火災)가 잦은 곳에는 화재로 삼림이 타고 난 자리에, 바람에 날려 온 버들 난의 종자가 발아해서 개체군을 만들어 번식한다. 산 화재 후 2~3년이 지나면 그 지역은 전부 이 꽃으로 덮이게 된다. 그 후 다른 식물이 생장을 하면 이 난은 경쟁력이 약하므로 더 이상 번식할 수 없어 소멸해 버린다. 그리고 그동안 만들어진 많은 종자는 새로운 산 화재 지역에 바람에 의해 옮겨진다. 이 식물은 화재가 없더라도 강둑이나 산사태 자리 그리고 도로의 공지 등에 적은 수가 자라지만, 산 화재와 함께 출현했다가 소멸했다가 하는 도망자적 식물이라고 할 수 있다.

5) 메뚜기

메뚜기는 원래 폭발적으로 증가해서 큰 무리를 이루는 성질을 가진 종이다. 오스트레일리아의 여러 지역에 넓게 분포하는 메뚜기는 사망률이 높고 여러 곳으로 이주하면서 생명을 유지하고 있다. 그러나 오스트레일리아 남부의 어떤 지역에서는 메뚜기 개체군의 폭발적 증가가 발생한다.

이 지역은 번식과 성장에 적절한 조건이 갖추어진 초원으로 여기에서 메뚜기는 생존을 계속하다가 기후조건이 좋아지면 수백만의 대군으로 증식을 한다.

메뚜기는 무리를 지어 다른 지역을 습격하고 경우에 따라서는 그곳에서 더욱 증식을 계속해서 메뚜기 재해를 일으킨다. 그러나 결국에는 기아와 건조 또는 병으로 인해 개체군은 사멸하고 재해는 끝나게 된다. 기록에 의하면 오스트레일리아 남부의 가장 오래된 메뚜기 재해는 1845년에 일어나서 그 후 30~40년마다 재해가 발생하고 있다. 메뚜기는 폭발적으로 증식하는 개체군으로 버들 난과는 또 다른 의미로 상대적으로 불안정한 개체군이다.

6) 나비(*Euphydryas editha* ssp. *bayenis*)

이 나비는 캘리포니아주 북부의 특징적인 사문암 지역에 서식하는데 사문암지역에서도 전체적으로 넓게 분포하는 것이 아니라 국지적으로만 개체군을 형성한다. 이들이 국지적으로만 서식하는 이유는 알 수 없지만 사문암지역에 따라 독립적으로 변동을 하고 있다. 이 나비가 소멸된 사문암지역에는 다른 지역의 살아남은 나비가 이주해서 살게 된다. 이렇게 해서 이 개체군은 전체적으로는 넓은 지리적 분포를 유지하지만 각각의 사문암지역에서는 불안정한 개체군이다.

7) 눈신 토끼(*Lepus americanus*)

캐나다의 북극지방에 사는 눈신 토끼는 수년 만에 최대개체군 밀도까지 증가했다가 다시 최소밀도까지 감소한다. 최대밀도에서 다음 최대밀도까지 도달하는 데는 약 10년이 걸린다. 따라서 이 토끼의 밀도는 10년 주기로 변동하고 있는 듯하다. 또 이들의 천적인 시라소니도 마찬가지로 10년 주기로 변동하고 있다. 이와 같은 변동은 생태학적으로 아주 흥미로운 문제로서 이것이 진짜로 순환적인지 또는 그 주기의 길이를 정하는 요인은 무엇인지에 대해서는 많은 연구와 논의가 이루어지고 있다.

8) 붉은 눈 까치(*Vireo olivaceus*)

붉은 눈 까치는 쌍을 이루면 세력권을 형성하는데 40헥타르의 숲 속에 43쌍이 매년 같은 수로 생존을 한다. 쌍을 이루지 못한 까치는 먹이를 구해 이리저리 돌아다니지만 쌍을 이룬 개체 수는 상대적으로 안정되어있다. 한 쌍 중에 한쪽이 죽으면 쌍을 이루지 못하고 있던 새가 새롭게 쌍을 이루어 세력권을 이어받는다. 각 연령층의 사망률은 50%로 비교적 일정하다. 이와 같이 붉은 눈 까치의 개체군은 수명은 짧지만, 졸참나무의 개체군과 마찬가지로 개체군의 지속적인 교체가 이루어지면서 상대적으로 안정적이라고 할 수 있다.

이상의 예에서 개체군에 관해서 다음과 같은 일반성이 지적된다.

첫째, 개체군의 행동에는 여러 가지 양식이 있는데 어떤 것은 안정되어 있고, 어떤 것은 국부적 지역에서 현저하게 불안정하다. 그러나 대부분은 그 중간으로, 일정이라 할 수는 없지만 소멸되는 일없이 평균 밀도를 중심으로 변동한다.

이와 같은 중간적 개체군의 경우 단지 한 종류의 개체군만을 상정(想定)해서 자연 군집의 안정성을 논하는 것은 잘못이다. 개체군의 변동이 큰가, 작은가 하는 것을 더 크게 생각해야 할 것이다.

둘째, 안정성을 어떻게 정의해서 어떻게 측정하느냐가 문제이다. 안정성의 정의에는 여러 가지가 있지만, 개체군 변동의 정도를 문제로 한다. 이상적 상태의 안정을 기준으로 해서 각각의 안정을 측정할 수가 있다. 이상적 상태의 예로서, 1㎢의 삼림에 약 200마리의 개체군 밀도의 새가 살고 있고, 그 중 120마리가 60쌍을 이루고 있다면, 사망률이 50% 즉 0.5/년이라면 200마리의 0.5배 즉 100마리가 이주 중 장해, 천적으로 없어진다. 개체군의 안정을 유지하기 위해서는 100마리의 새로운 새가 필요하다. 이것은 산란기에 태어난 200개의 알에서 50%의 생존율로 태어난다. 이들은 새로 첨가되는 만큼 동시에 소실된다. 개체가 더해지는 속도와 없어지는 속도가 같으면 이들은 일정하게 유지된다. 이런 상태가 이상적 안정 상태이다. 더해지는 것과 소실되는 것이 같은 일정 상태를 정상상태(定常狀態; steady state)라 한다. 안정은 정상상태를 의미하고 출생률과 사망률의 평균치가 같다.

2-1-3. 일반적인 개체군 시스템의 개념

동적인 시스템의 이론은 원래 공학의 분야에서 복잡한 기계, 전자공학 시스템을 기본적인 구성 부품으로 설계하기 위해 발전했다. 그 후 복잡한 구성 부품을 통찰하는 방법으로서 군사, 경제, 산업의 전략가들에 의해 그 이용이 확대되어 최근에는 생물학자들도 이용되게 되었다.

여기에서는 개체군의 동태와 그 관리 방법을 보다 깊이 이해하기 위하여 이 이론을 살펴본다.

1) 시스템이란

시스템은 통일체로 움직이도록 상호간에 작용하거나 연락을 취하거나 또는 의존하는 물체 또는 구성요소의 집합이다. 예를 들면, TV는 전자부품들로, 자동차는 기계적 부분과 전기적 부분으로 구성되어 있는 것처럼 사람의 몸도 상호간에 작용하거나 의존하는 많은 기관으로 구성된 시스템이다. 이들 시스템은 많은 각각의 서브시스템(sub-system)으로 되어있다. 즉, 사람의 몸은 신경 시스템, 순환기 시스템, 소화기 시스템으로 되어있고, 자동차는 연료 시스템, 발화 시스템 등으로 구성되어있다. 따라서 어떤 특정의 시스템의 정의는 관찰대상의 내부특성보다도 관찰자의 흥미와 관점에 따라 달라진다.

어떤 특정한 관점에서 시스템을 정의하고, 그 시스템이 부분이 되어있는 보다 더 큰 세계를 외부환경(environment)이라고 한다. 이 환경은 시스템이 작동하는데 필요한 물질, 에너지, 정보 등 모든 것을 제공한다. 사람의 몸은 환경으로부터 식료, 산소, 물, 주택 등을 얻으며 환경에 의해 다른 사람과 접촉도 한다. 마찬가지로 TV는 외부로부터의 전기와 전파로 작동하고, 자동차는 가솔린, 오일, 물, 산소로 움직인다.

환경 중에 있는 모든 자원(resources)은 시스템에 입력(input)된다. 입력에는 시간과 함께 변화하는 것과 변화하지 않는 것이 있는데, 어느 쪽이나 시스템의 구성요소를 제어하거나 활성화하거나 해서 시스템이 기능적인 작용을 하도록 하고 있다.

환경으로부터의 입력은 때로는 시스템의 움직임을 멈추거나 시스템을 파괴하거나 한다.(대체적으로 시스템에는 허용한계가 있어서 그것을 초과하면 시스템의 움직임에 중대한 영향을 미치게 된다). 즉, 과잉의 전류는 TV를 태우거나, 과잉의 물은 동물을 익사시키고 식물을 죽게 한다.

시스템은 또 환경에 물질, 에너지, 정보를 제공한다. 예를 들면, 인간은 열, 이산화탄소, 배설물 등을 배출하고, 자동차를 만들어 아황산, 일산화탄소 등의 유독가스도 배출시킨다. 이렇게 시스템에서 환경으로 배출하는 것을 출력(out-put)이라고 한다. 출력은 때로는 환경에 중대한 영향을 미쳐서 그것을 배출한 시스템을 위협하기까지 한다. 예를 들면, 인간이나 인간이 만든 농업, 공업, 수송시스템의 폐기물은 환경을 오염해서, 심해지면 환경은 인간이 살 수 없는 곳이 되어버린다.

2) 시스템의 상태

움직이는 물체를 사진으로 찍어 정지된 모습을 볼 수 있는 것처럼, 시스템의 어느 순간을 취하면 시스템은 부분이 정지된 집합체로 볼 수가 있을 것이다. 시간적, 공간적으로 모든 움직임이 중단되어 있는 시스템은 각 부분이 모두 정지되어 있으므로 정확한 기술(記述)이 가능하다. 이와 같이 어떤 순간의 시스템의 특징을 기술하는 것을 상태기술(state description)이라고 한다.

시스템의 상태를 밝히기 위해서는 그 시스템을 구성하고 있는 부분의 상태를 기술한다. 그러나 그들 구성요소 중에는 시간과 함께 눈에 뜨일만한 변화를 하지 않는 것도 있지만 그런 것은 그 대상에서 제외해도 좋다. 예를 들어, 인물을 묘사할 때, 머리, 가슴, 손, 발 등이 있다고 한다면, 모든 사람이 다 그런 것을 가지고 있고 시간과 장소에 따라 그 성질이 크게 변화하지 않으므로 전혀 의미가 없다. 그러나 사랑을 하고 있다, 병이 들었다, 서두르고 있다 등의 인물묘사는 그와 같은 상태가 시간의 변화에 따라 크게 달라지므로 흥미가 깊다. 그러므로 순간적으로 크게 변화해 버리는 특별한 상태를 기술 하는데는「정신상태」,「쇼크상태」등의 표현을 쓰기도 한다. 시간에 따라 변화하는 구성요소는 변수(變數)이며, 시스템의 상태를 나타내는 것은 상태변수(state variables)이다.

대부분의 복잡한 시스템은 수백 또는 수천의 상태변수가 있다. 그들 모두의 상태를 기술하는 것은 현실적이지 못하며 불가능이다. 그러므로 시스템의 상태를 기술할 때는 어떤 상태변수를 취할 것인가를 결정해야한다. 예를 들어, 사람의 전반적인 건강상태는 혈압, 혈액, 뇨를 검사하여 조사한다. 이와 같이 상태변수는 분석자가 관심을 가지는 변화에 가장 민감한 지표가 선택된다.

3) 동적인 시스템

시스템의 상태변수가 오랫동안 변하지 않는 경우에는 그 시스템이 정지하고 있다고 볼 수 있다. 한편, 시간과 함께 심하게 변화하는 시스템은 동적인 행동을 하고 있다고 하며, 동적인 시스템이라고 볼 수 있다. 대부분의 현실의 시스템의 상태변수는 끊임없이 변화하고 있는데, 그 동적인 행동은 순간 순간을 쌓아서 기술한 것으로 표현된다. 그것과 극히 유사한 것이 영화이다. 영화는 끊임없이 변화하는 장면을 극히 짧은 순간에 촬영한 많은 정지된 사진으로, 그것이 상영되면 연속적인 움직임이 나타나게 된다.

시스템의 동태는 다수의 순간의 정지된 묘사를 표현할 수 있는데 그 상태의 변화는 어느 기간의 시작과 마지막의 상태 변수의 차이라고 할 수 있다. 상태변수는 정성적(定性的)으로 3가지 방향으로 변화한다. 즉 증가(+), 감소(-), 또는 변화하지 않는 것(0)이다.

특정한 변수의 변화 방향과 세기는 다른 상태변수와 환경으로부터의 입력 또는 그 변수자신 등과의 상호작용으로 결정된다. 그래서 상태변수와 입력과의 상호관계가 시스템의 동적인 행동을 제어한다.

4) 피드백에 의한 제어

Feedback loop : 시스템의 어떤 process에서의 출력이 장래의 어떤 시점에서 같은 process에 입력으로서 feed back 할 때 feedback loop라고 한다.

예) 자동차라는 시스템에 드라이버가 더해지면, 드라이버와 엔진과 스피드미터로 구성된 피드백 루프를 생각할 수 있다. 드라이버는 환경으로부터의 입력으로 희망속도(제한속도)와 스피드 미터가 나타내는 자동차의 속도를 비교하면서 운전한다. 운전자는 희망속도보다 자동차가 느린 경우에는 엑셀을 세게 밟고, 반대의 경우에는 힘을 뺀다. 이 경우에는 비교하고 있는 자극에 대해 역방향으로 움직이므로 부(負)의 기구로 볼 수가 있다.

부의 feedback loop는 출력변수의 행동을 제어해서 시스템의 바람직한 행동을 위해서 모든 착란을 제거하려고 한다. 이러한 착란은 다양한 기구의 내부조정에 의해 조정된다.

feedback에 의한 내적인 제어를 가지는 시스템의 중요한 속성을 자동차를 모델로 얘기해보자. 희망속도로 운전되고 있는 자동차가 내리막길과 같은 외적착란으로 속도가 빨라졌다고 하자. 드라이버는 스피드 미터를 보고 희망속도보다 빠른 것을 인식하고 편차에 대응하기 위해 부의 process로 반응해서 악셀을 덜 밟게 될 것이다. 이런 부의 feedback process의 결과 자동차는 항상 희망속도 내지는 그것에 가까운 속도로 유지된다. 이렇게 해서 자동차의 행동은 제어된다.

부의 feedback process는 인공, 자연을 막론하고 거의 모든 복잡한 시스템에서 보인다. 그 물질적인 구성 요소는 실제의 행동과 희망하는 행동과를 비교하는 기구(메카니즘) 즉 comparator이다. comparator로 잘 알려진 것으로는 가스 조정기, Thermostat, 자동조정장치 등이 있다. 그러나 때로는 comparator 같은 것이 생물시스템, 특히 개체군이나 군집, 생태계에서는 보기 어려운 수가 있다. 부의 피드백의 반대는 정(正)의 피드백이다. 그것은 제어의 결여를 의미하는데 그림 6에서 보는 것 같이 군비확장 경쟁에서 보이는 것 같은 악순환이다. 이 시스템에는 모든 process가 정으로 출력, 즉 무기배치라는 점에서 보면 그것은 시간과 함께 증가해간다. A라는 나라가 몇 가지 공격용 무기를 배치해서 악순환을 출발시키면, B라는 나라는 그것을 위협으로 받아들이고 무기를 배치한다. 그것은 또 A국은 위협으로 받아들인다. 이런 것이 계속된다. 이처럼 정의 feedback은 시스템의 출력의 최초의 움직임 또는 착란을 증폭시켜간다.

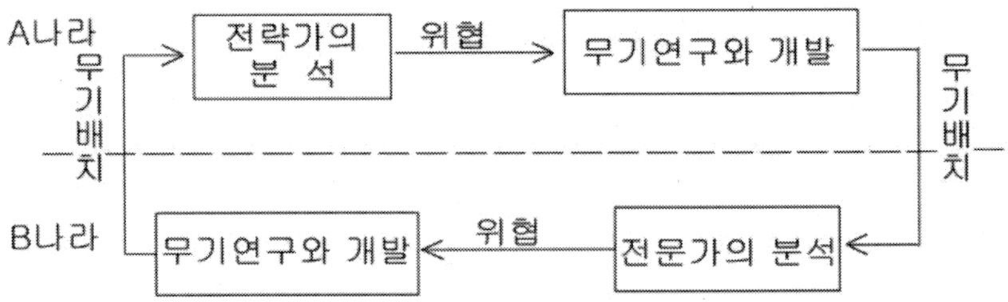

그림 5. 군비경쟁 확장의 피드백 루프

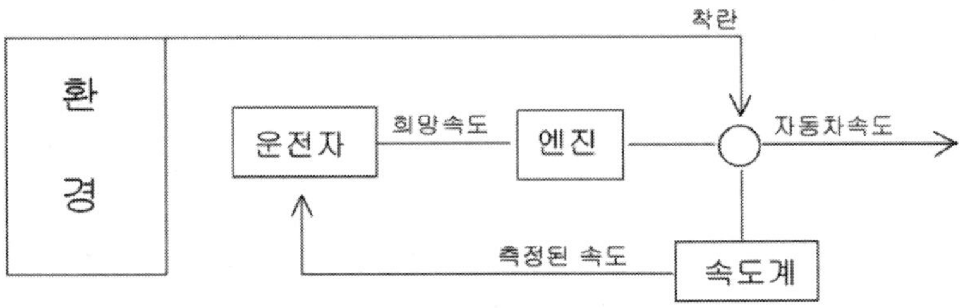

그림 6. 자동차 운행의 피드백 루프

정의 feedback은 이 예에서는 무기배치의 끝없는 증강을 가져오지만, 반대의 방향으로 작용하면 시스템을 점점 쇠퇴시키게 된다. 예를 들면, 한쪽의 나라가 공격용 무기의 배치를 감소시키면 상대국은 위협이 감소되었다고 해서 배치를 감소시키고, 이렇게 해서 결국 무기가 없어질 때까지 계속된다. 여기에서도 시스템의 움직임은 최초의 움직임과 같은 방향으로 어디까지든 증대되어간다. 정의 feedback의 악순환은 누군가가 움직이기 시작하지 않으면 시작하지 않으므로 "저 들이 시작했다" 등의 최초의 착란이 문제의 원인이 되는 일이 많다. 그러나 최초의 움직임은 완전한 정의 feedback loop가 아니면 증대되는 일이 없이, 더욱이 만일 정의 feedback loop가 존재한다면 몇시 또는 무엇인지가 그 loop를 움직이기 시작할 것이다. 싸우는 것이든 사랑을 하는 것이든 최저 2가지 방향이 있어 어느 쪽도 정의 feedback process이다. 그래서 loop를 움직이는 최초의 움직임보다도 loop의 구조 쪽이 시스템의 행동에 큰 의미를 가지고 있다.

그림 6에서 알 수 있듯이 정의 feedback loop가 간단히 부의 feedback loop로 변할 수 있다. 예를 들면, 한나라가 위협에 대해 무기배치를 줄이는 것으로 대응하려고 결정한다면, 시스템의 상자의 하나가 부가 되므로 시스템 전체는 부의 피드백으로 바뀐다. 인접국의 위협의 증대가 그 나라의 무기의 배치를 감소시켜 상대국에의 위협을 감소시키는 것이 될 것이다. 그림에 따르면 상대국은 거기에서 무기배치를 감소시켜 인접국에 대한 위협을 감소시킨다. 그러나 위협의 감소는 그 나라의 무기배치를 재차 허락하는 것이 되어 시스템은 원래의 위치로 돌아가든가 그 주위를 맴돌게 될 것이다.

요약하면 부의 feedback loop가 자기 제어하는 특성을 가지는데 반해서, 정의 feedback은 자기증대를 계속하는 process라고 말할 수 있다. 정의 feedback이 지배하는 시스템에서는 단지 조그마한 최초의 원인에서 상당히 큰 결과가 생긴다. 자기 증대하는 process의 몇 가지는 악순환, 군비경쟁, 인플레이션, 인구폭등 등의 자기 파괴적인 것이지만 반드시 그런 것만은 아니다. 농업혁명, 지식의 폭발, 생물진화 등도 정의 feedback process이다.

시스템 내의 feedback loop는 미리 설정되어 있는 것도 있으며 상황에 따라 생기는 수도 있다. 예를 들면, 기술자는 자동차를 드라이버와 차 사이에 부의 feedback으로 제어하도록 설정한다. 한편, 군비경쟁에서 볼 수 있는 것처럼 정의 feedback은 라이벌인 2개국 간의 상호작용과 그 작용이 가져오는 상황에 따라 만들어진다.

2-1-4. 개체군의 성장

지금까지는 개체군을 마치 똑같은 개체의 집단으로 생각해 왔지만 실제의 개체군은 그렇지 않다. 각각의 개체군은 유전적 변이의 정도와 종류, 더욱이 생존을 가능하게 하는 변이와 환경과의 관계 등에서 다르다. 또 연령구성, 출생률, 각 연령별의 사망률, 더욱이 환경의 변화에 대한 연령구성의 변화의 형태도 다르다. 개체군은 복잡한 생물계로 독자의 구조와 기능을 가지고, 독특한 방법으로 환경과 또 다른 개체군과 조화하고 있다.

이러한 개체군은 다양한 행동을 하는 것을 알 수 있는데, 개체군 시스템에 feed back loop가 존재하면 간단한 규칙에서도 다양한 행동이 발생하게 된다. 어떤 종은 적절한 환경에 처하면 계속적인 성장을 할 수 있는 feed back loop를 가지고 성장한다. 반대로 어떤 종은 공룡처럼 계속 감소해서 전멸하기도 한다. 이런 국지적 전멸은 물리적 조건의 격변, 개체군 자신에 의한 환경의 파괴와 오염 또는 사람 등의 타 생물의 활동에 의해 특정 지역의 환경이 극히 부적절할 때 잘 나타난다.

개체군의 성장도 쇠퇴도 환경특성과 관련되어 있는 것으로 생각되므로 양자 모두 feed back loop로 제어되어 어느 쪽 패턴을 취할 것인가는 환경이 결정하는 것으로 생각된다. 예를 들어 어떤 기간 개체군이 성장의 패턴이나 쇠퇴의 패턴을 나타낸다 해도 결국은 환경과의 사이에서 평형상태에 달한다. 이 평형은 밀도 제로의 평형 즉, 절멸의 가능성도 항상 존재하지만 우리가 관찰하는 대다수의 개체군은 비교적 안정된 밀도를 장기간 유지하든가 고유밀도의 주위를 진동하는 듯하다. 거기에는, 개체군을 어느 고유 밀도에 조절하려고 하는 負의 feed back loop가 작용하는 것이 틀림없다. 더욱이, 조절 레벨 즉, 고유 밀도는 환경 특성에서 결정되는 듯이 보인다. 그렇다면 환경이 변하면 고유밀도도 변하지 않으면 안 된다. 장기간 일정 밀도를 유지하던 개체군이 어떤 때 돌연 극단적인 변동을 나타내는 것이 관찰된다. 그런 현저한 변화는 환경과 feed back loop에 급격한 변화가 발생했다는 것을 뜻한다.

개체군의 성장은 언젠가 어느 곳에서 멈춘다. 개체군의 성장은 한계치 K에 서서히 접근해서 안정되게 된다. 이 때 K를 이 개체군에 대한 환경 수용력이라 하는데, 상대적으로 안정된 개체군일수록 환경수용력에 가까운 밀도를 오래 유지한다.

K : 환경 수용력(carrying capacity of the environment) ; 개체군이 그 환경 하에서 정상상태가 계속 유지될 때의 개체군 밀도를 나타낸다.

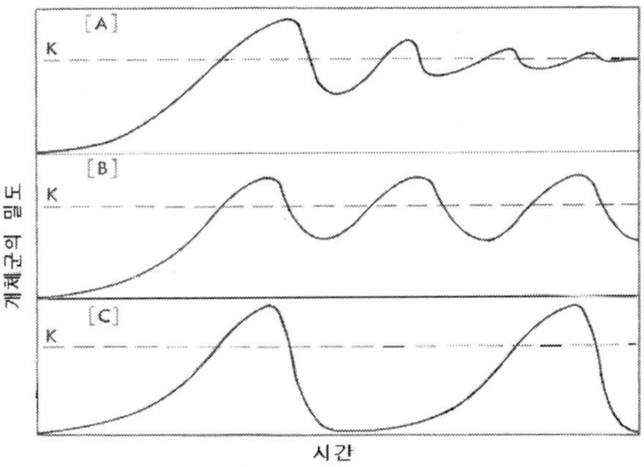

그림 7. 개체군 성장이 환경 수용력 K를 넘은 경우의 개체군 밀도의 변동의 3가지 유형

A. 처음 환경 수용력을 초월하여 감소하고 다시 증가하나 K에 안정될 때까지 변동은 점차 작아진다.
B. 환경 수용력을 초월한 후 변동이 일정 폭으로 일어난다.
C. 과도한 증가와 급격한 감소로 불안정한 개체군 변동의 패턴

실제의 환경 수용력을 결정하는 요인은 개체간의 경쟁, 다른 개체군에 의한 포식, 그리고 자원 등이다. 안정된 개체군은 다른 생물과 경쟁하면서 살아남아 번식하는 개체에 의해 유전적 특성이 전해져 간다. 이러한 종의 개체군은 경쟁에 이기는 방향 또는 특수화의 방향으로 선택을 한다. 상대적으로 불안정한 개체군은 증식하는 방향을 선택한다. 특히, 경쟁에 의한 영향이 적은 새로운 환경 하에서 넓은 지역에 급속하게 증식될 수 있도록 선택을 한다. 상대적으로 안정적이고, 정주적(定住的)인 경우와 불안정하며 비정주적(非定住的)인 경우의, 생존을 위한 선택적 조건의 차이는 개체군 행동의 폭 넓은 차이 중의 하나가 원인이 된다. 개체군의 기능의 차이는 진화의 산물로 개체군의 생존방법의 선택의 결과라 할 수 있다.

2-2 개체군의 조절

2-2-1. 환경과 개체군의 안정성

자연 군집에 있어서의 개체군의 상대적 안정성을 어떻게 설명하면 좋을까. 자연 개체군이 어떤 기능으로 작용하고 조정되고 있는가를 단정하는 것은 어렵다. 자연 군집 내의 종 개체군의 어떤 것은 밀도, 즉 단위 면적당의 개체수가 크게 변동하고, 또 어떤 것은 상대적으로 안정되어 있는 것처럼 보인다. 만일 어떤 규제가 작용하지 않으면, 개체군은 가속도적으로 증대한다. 따라서 이와 같은 정상의 개체군의 성장은 불안정을 초래하는 하나의 요인이 된다. 그러나 개체군은 궁극적으로 그들이 처하고 있는 환경 자원의 제한에 따라 환경 수용력에 달할 때까지 증가해서 그곳에서 안정화한다. 그러나 많은 개체군은 상대적으로 불안정해서 환경 수용력을 넘어 성장해서, 그 결과 훨씬 낮은 밀도까지 감소한다. 환경에 의한 제한은 그 자체로는 개체군을 안정시키는 것이 아니다.

2-2-2. 밀도와 개체군의 안정성

개체군의 안정에 영향을 미치는 요인이, 기상요인과 같이 개체군의 크기와 관계없이 작용할 경우를 밀도 독립이라고 하고, 경쟁, 기생, 질병 등과 같은 생물적 요인에 의한 밀도의 변화로 인하여 개체군의 안정에 영향을 미칠 경우를 밀도 의존이라고 한다.

오늘날의 대부분의 생태학자는 개체군의 성장속도는 반드시 그 밀도와 관계가 있다는 것을 인정하고 있다. 그러나 예전에는 개체군의 조절기구의 상대적인 중요성에 대해서는 여러 가지 논쟁이 많았다. 혹독한 물리적 환경에 서식하는 소형생물을 연구하는 생물학자는 대체적으로, 개체군의 밀도는 환경의 물리적 특성에 의해 제어되고 있다고 결론지었다. 한편, 온화한 환경에 서식하는 생물과 물리적 환경의 영향을 적게 받는 대형생물을 연구하는 연구자는, 개체군은 밀도에 의존하는 負의 피드백에 의해 조절되고 있다고 결론짓는 경우가 많았다. 그러나 오늘날의 대부분의 개체군 생태학자는 개체군 시스템과 그 환경의 전체에 관계하는 여러 가지의 복합적인 요인에 의해 개체군밀도가 조절된다는 포괄적인 견해를 가지고 있다. 그리고 단지 때에 따라 그 중의 몇 개의 요인만이 개체군의 성장을 제한하는데 결정적인 역할을 한다고 생각하고 있다. 확실히 환경이 쉴새 없이 변화하고 있으면 개체군은 연속적으로 성장하거나, 쇠퇴하거나 하여 정말로 환경만이 개체군의 크기를 제어하고 있는 듯한 인상을 받는다. 그러나 변화가 적은 환경에서는 개체군밀도는 비교적 일정하게 유지되는 경향이 있어, 負의 피드백에 의한 강한 제어가 있는 것이 암시된다.

밀도에 의존하는 기구는 개체군의 안정을 조절하는 생물학적인 process로 협동과 경쟁의 process가 있다.

1) 경쟁의 process

Malthus와 Darwin이 인식한 것처럼 개체군 밀도를 조절하고 있다고 생각되는 기구는, 한정된 환경 자원을 둘러싸고 조밀한 개체 간에 생기는 자연 발생적인 경쟁이다. 이 생존 투쟁의 영향은 여러 가지 형태로 나타난다. 즉 어떤 개체는 생존에 필요한 충분한 먹이를 얻을 수 없어 굶어 죽는다. 살아남은 개체도 영양불량으로 번식능력이 저하한다. 그리고 약해진 개체는 포식자나 기생자에게 공격받기 쉽고 병에 대한 저항력이 없어진다. 생물은 먹이자원 외에 환경내의 공간을 대상으로도 경쟁을 하는데, 조밀해지면 거주장소(서식장소) 또는 포식자나 기생자로부터의 숨을 장소를 찾기가 어려워진다. 또 조밀도는 개체의 정상적인 행동패턴에도 미묘한 변화를 가져와서, 조밀한 지역에서는 이출(移出)의 증가나 극단의 경우에는 서로 잡아먹거나 비정상적 성행동을 나타낸다. 쥐를 이용한 실험에서 과밀(過密)에 대한 몇 가지 전형적인 반응으로는 과잉 성적 행동, 동성애 행동, 새끼 죽이기, 우세한 수놈끼리의 끝없는 싸움 등이다. 이것은 과밀 상태 하의 사람의 행동과도 유사점이 있다고 한다. 이러한 모든 경쟁의 결과, 개체군밀도가 증가함에 따라 사망률과 이출률이 높아지고, 출생률과 이입율은 낮아진다. Malthus도 기아, 병, 전쟁 등의 고통과 악덕은 모자라는 자원을 둘러싼 경쟁의 결과이며 과밀은 사회적 스트레스를 발생시켜 이상한 사회행동(악덕)을 유발한다고 하였다.

어떤 생물들은 자원을 둘러싸고 쓸데없는 싸움을 피하는데 적절한 행동기구를 가진다. 그것에 의해 대다수는 얼마간의 자원을 입수하지만 모든 개체의 생존과 번식에 충분한 양을 얻을 수는 없다. 세력권 행동에 의해 세력권을 획득한 자는 충분한 자원을 손에 넣지만 패자는 상대적으로 불리한 상황에서 나름대로의 변통을 하지 않으면 안 되게 된다. 이것은 부족한 자원에 대한 효율적인 배분 방법일지도 모르지만, 경쟁의 본질적인 요소는, 세력권 획득과 방위를 위한 투쟁 속에서도 없어지지 않고 남아 있다.

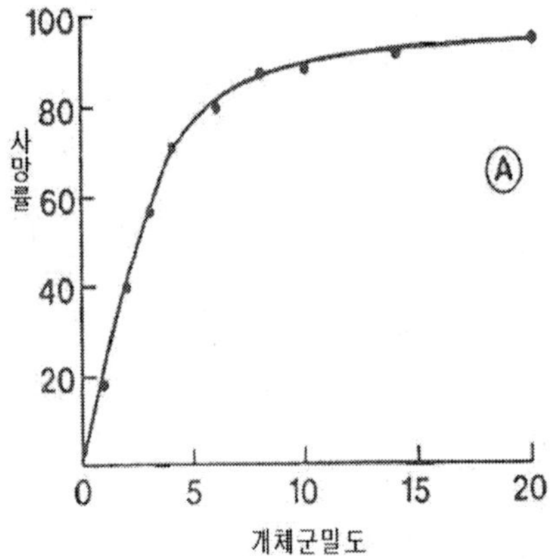

그림 8. 곡물을 먹는 갑충의 사망률에 미치는 개체군 밀도의 영향

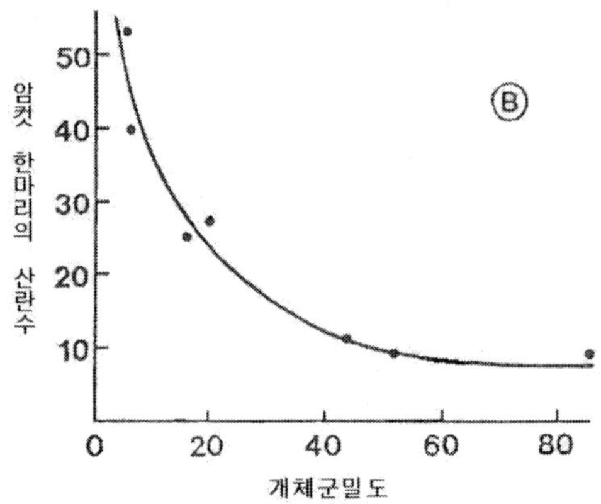

그림 9. 식식성(植食性)곤충의 산란수에 미치는 개체군 밀도의 영향

부족한 자원을 둘러싼 경쟁이, 개체의 번식, 생존, 이동에 미치는 영향은, 통상 금방 나타나므로 負의 feed back loop에 있어서 시간의 지연은 비교적 짧다. 더욱이, 경쟁적인 상호작용은, 환경자원의 레벨로 결정되는 각각의 종에 따라 고유한 평형 밀도에 개체군을 안정시킬 것이다. 즉, 부의 피드백에 있어서의 기준 레벨은, 환경 특성에 의해 결정되기 때문이다. 그러나 개체군이 이러한 환경 특성에 負의 영향을 미치면 장래의 세대의 번식과 생존에도 영향이 있을 것이다. 예를 들면, 개체군이 자신의 먹이를 재생속도보다 빨리 소비하게 되면 장래의 개체군은 먹이 부족에 처하게 된다. 노폐물과 오염물질의 축적도, 그것을 만들어낸 개체군보다도 장래의 개체군 쪽에 큰 영향을 미치기 쉬우므로 마찬가지의 영향을 미치게 된다. 지연(遲延)된 피드백은 또, 환경내의 포식자, 기생자, 병해의 반응에 의해서도 나타난다. 먹이가 풍부하다는 것은, 번식이 왕성하고 생존율이 높은 것을 의미하므로 포식자는 피식자가 많이 있는 곳 또는 증가할 만 한 곳으로 이동하는 일이 많다. 그러나 포식자는 고밀도 피식자 개체를 발견해서 그 먹이를 자기의 새끼에게 건네는데 시간이 걸리므로, 피식자 밀도에

대한 그들의 수적인 반응은 어느 정도 늦어지게 될 것이다. 이 지연 시간의 길이는 그들이 피식자가 모여 있는 곳을 찾아내는 효율과 그들의 번식 능력, 번식 회수에 좌우된다.

일반적으로, 오염이나 자원의 과잉이용, 천적의 증가 등에 의해, 개체군이 그 환경 특성에 영향을 미치면 그것은 항상 장래의 개체군에 시간의 흐름과 함께 전달된다는 것이다. 지연된 피드백은 개체군에 주기적 변동을 발생시킨다. 이러한 주기적 변동은 눈신 토끼 개체군에 대한 시라소니 개체군의 반응의 지연이든지, 토끼 개체군의 먹이 공급량에 있어서의 반응의 지연이든지, 또는 그들 양자의 결합에 의해 생기는 것이다. 이 원인이 무엇이든 간에, 지금까지의 일반규칙으로 볼 때, 토끼의 개체군이나 시라소니의 개체군은 지연된 피드백과 그것에 의한 주기적인 변동을 만들어 내기 위하여 자신들의 환경 특성에 어떠한 형태로든 영향을 미치고 있음에 틀림없다.

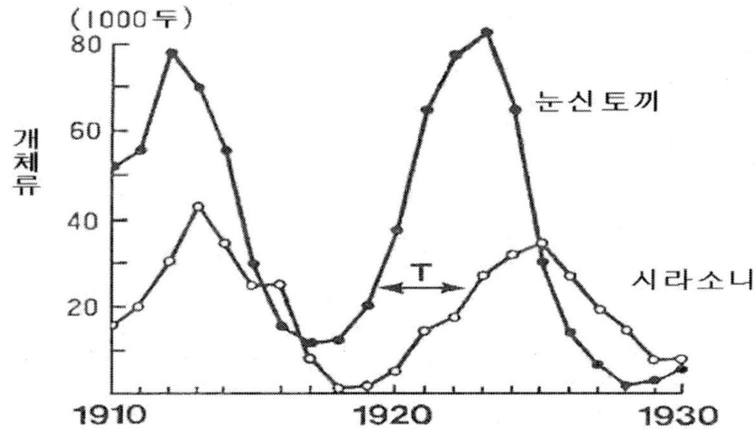

그림 10. 눈신토끼와 포식자인 시라소니의 개체군 동태에 보이는 주기적 변화(지연된 피드백)

또한, 지연된 피드백은 개체군의 밀도가 그 개체군의 유전특성에 영향을 미칠 때에도 발생한다. 예를 들면, 심한 경쟁의 결과 약한 유전형이 최초로 죽는 것도 생각할 수 있다. 그들은 필시 포식자나 병에 당하기 쉽거나, 자원의 쟁탈에 대한 능력이 떨어져 굶어 죽을 것이다. 그리고 더욱 강하고 생활력이 왕성한 유전자형은 신천지를 찾아 밀집한 지역에서 탈출하려고 할 것이다. 당연히 예측되는 것은, 만일 이들 유전자형이 서로 다른 번식특성이나 생존특성을 갖고 있다면, 그 영향은 장래의 세대로 전달된다. 이렇게 해서 유전적 피드백도 개체군의 주기적 변동을 일으키는 시간의 지연을 만들어 낸다.

어떤 경우에는 유전적인 변화는 비교적 영속성을 가지고 진화의 방향을 결정한다. 일반적으로 진화란 돌연변이와 자연도태의 과정을 통하여 장시간에 걸쳐서 새로운 종이 형성되는 것으로 생각되고 있다. 개체군 동태의 연구는 보통 그보다 훨씬 짧은 기간에 대해 행해지므로 돌연 변이는 보통 무시되지만 환경과 개체군밀도에 대한 개체군의 적응(adaptation)은 고려하지 않으면 안 된다.

예를 들면, 포식자로 부터의 도피능력에 뛰어난 피식자 개체는 선택적으로 그 유전자형이 개체군에서 차지하는 비율이 점차 커져서 그 개체군의 성장율을 변화시켜 버릴지도 모른다. 이렇게 해서 피식자 개체군은 얼마동안 성장하지만 결국은 밀도의 증가에 의해 포식자에 잡히기 쉽게 되어 포식자의 영향이 다시 작용하게 된다. 그 위에 포식자는 포획할 때 경험하는 피식자를 포획하는 어려움에 의해 진화적 압력을 받는다. 따라서 먹이를 추적해서 포획하는 능력이 뛰어난 유전자형을 가진 포식자의 공진화(共進化, co-evolution)로 연결된다.

이렇게 해서 포식자와 피식자의 유전자형의 사이에는 끊어지지 않는 유전적인 연관이 보여, 적응적인 진화에 내재하는 시간의 지연은 개체군의 주기적 변동을 낳게 될 것이다. 마찬가지로 공진화(共進化)의 경향은 서로 경쟁하고 있는 종의 사이에도 나타난다.

2) 협동의 Process

지금까지 개체군 밀도와 개체의 번식, 생존 간에 보여지는 부(負)의 상호 작용만 관찰해왔다. 그러나 생물은 가끔 먹이의 탐색, 포식자로부터의 도피 또는 교미활동에 있어서 서로 협동한다. 예를 들면, 대부분의 포식자는 큰 먹이를 포획하기 위해 수렵 그룹을 형성한다. 어류나 조류는 가끔 포식자에 대한 방어를 위해 무리를 만들며, 어떤 종의 곤충은 기주식물의 방위를 돌파하기 위해 개체군이 집합한다. 개미, 벌, 흰개미, 사람과 같은 사회성 동물은 가장 복잡한 협동적 행동을 발달시켰다. 이중에는 특수화된 역할(분업)과 이타(利他) 행동(그룹의 이익을 위한 자기희생)이 있어 양자 모두 개체군 전체에 이익이 된다.

협동적 process는 개체군 밀도가 높아짐에 따라 평균적인 개체의 생존과 번식의 기회를 증가시키므로 正의 피드백으로 작용한다. 곤충의 공격에 대해 기주(寄主)인 침엽수가 방어를 위해 내는 분비물은 공격하는 개체가 많으면 희석되므로, 그 밀도가 높아질수록 곤충의 생존율이 좋아지는 것을 알 수 있다. 오징어의 암컷은 개체군 밀도가 높아짐에 따라 교미상대를 만날 기회가 많아져 산란수가 증가한다.

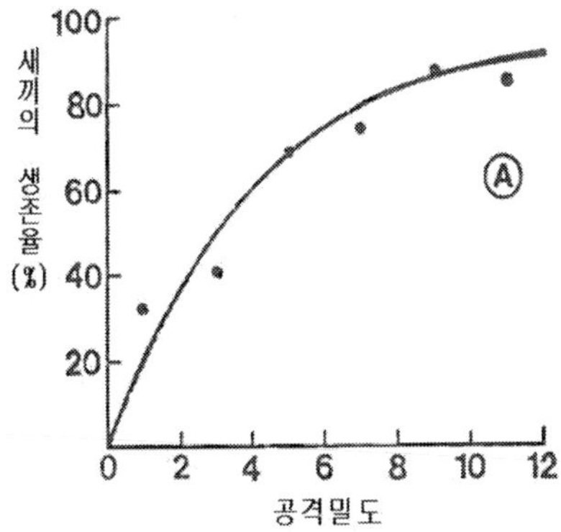

그림 11. 공격곤충의 새끼의 생존율에 미치는 어미곤충의 공격밀도의 영향

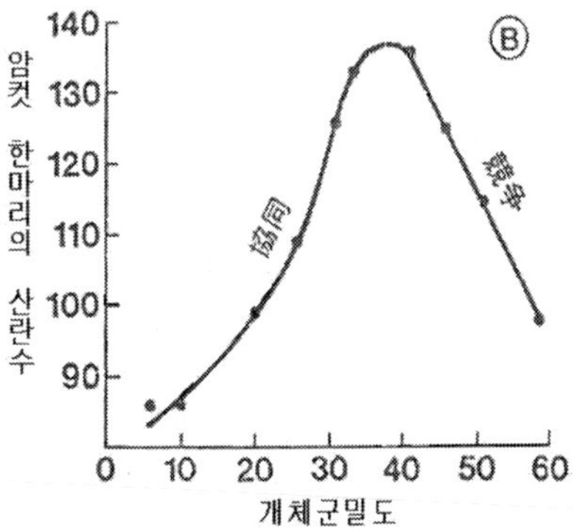

그림 12. 오징어 암컷의 산란수에 대한 개체군 밀도의 영향

교미에는 개체간의 협동이 불가결이다. 그리고 고밀도의 개체군보다 저밀도의 개체군 쪽에서 밀도의 증가가 교미상대 발견의 용이함에 더 크게 작용하므로, 正의 피드백은 저밀도의 개체군에서 작용하는 일이 많다. 이것은 또 상당히 저밀도인 개체군에서는 교미상대를 찾기 어려우므로 절멸의 위기를 맞는 것을 의미한다.

이상과 같이 협동적 process는 개체군 밀도와 개개의 생물의 번식, 생존과의 사이에 正의 관계가 있는 경우에 생기는 것을 알았다. 이 正의 피드백의 영향은 저밀도일수록 현저해서, 개체군의 밀도가 높아짐에 따라 점차적으로 경쟁의 영향이 우위를 차지해서, 전체적으로는 負의 feed-back loop를 만들게 된다고 생각된다. 이와 같이 대부분은 正의 피드백인 협동과 負의 피드백인 경쟁이 조합해서, 개체군 밀도와 개체군의 증가율 간에는 단봉형(單峰型)의 관계가 생긴다.

2-3 개체군의 상호작용

생물은 자연환경 내에 서로 독자적으로 살아가는 것이 아니라, 식물, 동물, 세균 등이 서로 다양한 형태로 밀접한 상호관계를 가지며 살아가고 있다. 생물의 상호관계는 크게 세 가지의 유형으로 나눌 수가 있는데, 첫 번째는 대항적 상호관계이다. 이것은 한쪽이 다른 한쪽에 의존해 있는 경우로서, 포식자와 피식자 또는 기주와 기생자의 관계에 해당한다. 두 번째는 경합적 상호관계이다. 이것은 같은 공간에서 같은 자원을 이용하는 종 간에 서로 경쟁하는 관계에 해당한다. 세 번째는 공생적 상호관계이다. 이것은 두 종의 개체군이 생리 생태적으로 서로 밀접한 관계에 있으면서 상호간 또는 한쪽만 이익을 얻는 공생(symbiosis)의 관계에 해당한다.

실제로 자연환경내의 개체군은 먹이나 그 외의 자원에 대해 여러 가지 상호관계의 양상이 예상된다. 하나의 개체 또는 종이 충분치 못한 자원을 사용하면 다른 한쪽이 사용할 것이 줄어들고, 그래서 생장 또는 생존이 위협 당하고 또는 쌍방이 경쟁에 의해 영향을 받는다. 경쟁은 하나의 개체군 중의 개체 간에도 일어나고 둘 이상의 종 개체군의 개체 간에도 일어난다. 개체군이 환경 수용력 가까이 까지 성장하면 종내 경쟁이 커지게 된다. 어떤 종의 동물이 다른 개체군의 생물을 포식해서 그 개체군을 감소시키는 경우, 개체군이 환경 수용력을 넘을 때까지는 문제가 되지 않지만, 환경수용력을 넘게 되면 경쟁이 시작되고 사멸이 일어난다. 즉, 개체군이 먹이가 되는 다른 개체군의 크기를 감소시키면 그 개체군이 불안정하게 되는 것이다. 그러나 어떤 종 개체군이 다른 종 개체군을 직접 포식하는 것이 아니고, 다른 종 개체군의 생산물을 먹는 경우에는 그 종 개체군은 다른 개체군이 생산하는 이윤으로 살아가고 개체군 자체를 감소시키는 일은 없다. 식물의 낙엽을 이용하는 식물, 곤충 또는 균류 그리고 죽은 동물을 먹는 독수리의 경우 등이 그 예라고 할 수 있다.

그리고 다른 종 개체군을 직접 또는 간접으로 먹지만 경쟁 이외의 다른 요인에 의해 제한을 받는 경우도 생각할 수가 있다. 개체군의 밀도 의존적 요인으로, 종내 경쟁에 의해 개체군이 안정되기 위해서는 이용 가능 자원이 경쟁에 의해 감소해서 그것에 따라 사망률 또는 출생률이 변화하지 않으면 안 된다. 개체군 밀도에 의해 경쟁이 밀도 의존적으로 작용해서 밀도의 증가와 더불어 사망률도 증가시켜, 또는 출생률을 감소시킴으로써 개체군이 안정되게 된다.

그리고 Nicholson이 얘기한 쟁탈 경쟁(scramble competition)은 각 개체가 될수록 많은 자원을 먼저 취하려고 해서 일어나는 무제한 경쟁을 말하는데, 쟁탈 경쟁을 하는 종에서는 개체군의 성장의 결과에 의해서 사망의 증가, 개체의 생장의 저하 또는 양자가 발생한다. 어떤 종에서는 성숙한 개체는 일정하게 정해진 크기의 개체가 된다. 동물의 크기는 경쟁 즉 이용 가능한 자원의 양에 대해서 크게 적응하게 된다. 예를 들면, 같은 연못에 50마리와 100마리의 고기가 있을 때 전체의 중량은 같고 크기가 달라지는 것과 같다. 식물의 크기가 환경에 적응하는 예로서, 같은 수의 종자를 동일 면적에 뿌린 후, 한쪽은 비료를 두 배로 주어 처리를 하면, 생육이 좋은 개체는 경쟁에 의해 왕성하게 자라는데 나머지는 사망률이 높다. 또 한쪽에 비료를 적게 주어 처리를 하면, 약하고 많은 개체가 살아남는다.

종간의 다양한 상호관계를 다음과 같이 나타낼 수 있다.

2-3-1. 중립(中立)

중립이란 2종의 개체군이 동일지역에 생활하면서 먹이나 거주공간에 있어서 어떠한 관계도 없는 경우로서, 예를 들면 동일 지역에 살면서 곤충을 먹이로 하는 새의 개체군과 초식동물 개체군의 관계와 같다. 이 경우에는 먹이나 거주 공간 모두 서로가 경쟁이나 협동의 관계가 존재하지 않는다.

2-3-2. 경쟁(競爭)

동일한 먹이와 거주공간을 가지는 개체군 간에 서로 적대적 영향을 미치는 것으로서, 이것을 실험적으로 증명한 사람이 Gause이다. 그는 같은 세균을 먹이로 하는 *Paramecium caudatum*과 *P. aurelia* 의 두 종류의 짚신벌레를 같은 용기 속에서 키운 결과, *Paramecium caudatum*은 점차로 사멸하고 16일 후에는 *P. aurelia*만이 살아남았다. 그런데, *P. aurelia*와 *P. bursaria*를 같은 용기 속에서 키우면 양쪽 모두 생존을 계속한다. 이 경우에는 같은 먹이를 이용하지만 한쪽은 용기의 위쪽에서 한 쪽은 용기의 아래쪽에서 생활하기 때문에 서로가 부분적으로 경쟁을 피하게 된 것이다. 자연상태의 개체군에서는 대부분이 격심한 경쟁으로 어느 한쪽이 절멸하기 전에 서로가 먹이나 거주공간에 대해서 경쟁을 피하는 방향으로 진화를 하여 공존을 하게 되는 경우가 많다.

2-3-3. 공생(共生)

서로 다른 종의 개체군간의 지속적이고 밀접한 관계로서, 양쪽이 서로 이익을 얻게 되는 경우를 상리공생(mutualism), 한쪽만 이익을 얻거나 한쪽은 이해가 없는 경우를 편리공생(commensalism), 그리고 한쪽만 피해를 입는 것을 편해공생(amensalism)이라고 한다.

2-3-4. 포식(捕食)

생물이 다른 생물을 잡아먹는 것으로서, 포식을 하는 쪽을 포식자 개체군, 포식을 당하는 쪽을 피식자 개체군이라고 한다.

2-3-5. 기생(寄生)

한쪽은 이익을 얻고 한쪽은 손해를 보는 것을 말한다.

2-3-6. 협동(協同)

양쪽이 모두 이익을 얻지만 구속성이 없는 것을 말한다.

Chapter 3

군집
(community)

3-1 군집의 구조와 조성

생물 군집은 여러 종으로 구성되어 그들 종은 여러 가지 개체군 변동을 하면서 서로 관계하고 있다. 다양한 종은 어떻게 군집을 만들어 내는가? 종간의 상대적 우열은 어떠한 의의를 가지고 있는가? 더욱이 군집을 구성하는 종의 수는 무엇에 의해 결정되는가? 등 궁금한 점이 많다. 여기에서 서로 상호작용을 하는 개체군이 만드는 하나의 살아 있는 계(系)로서의 군집이 어떻게 조성되는가를 이해하기 위해 생물군집의 구조와 조성을 알아본다.

생물의 분류는 주로 모양이나 구조에 따라 이루어지며, 또한 형태에 따라서 환경에 대한 적응이 달라져서 계통학적인 관계를 밝히거나 추적하기도 한다. 다양한 생물군집의 모양이나 구조를 연구하는 학문을 상관학(相觀學, physiognomy)이라고 한다.

여기에서는 식물군집의 구조와 조성에 대해 알아보도록 한다. 식물군집의 구조를 특징지우는 데는 생육형이 이용되는데, 생물군집에서 어떤 특정의 생육형이 우점적인가 하는 식으로 이용된다. 그리고, 생활형은 구조가 아니고 군집의 종류조성과 같은 의미로 식물상적(植物相的)으로 이용된다.

3-1-1. 생육형(生育形, growth-form)

생육형이란 식물형의 종류를 분류한 것으로 식물의 높이, 목본(木本)인가 초본(草本)인가, 줄기 형태, 잎의 형태 그리고 낙엽인가 상록인가, 등 식물의 여러 가지 특징에 의해 군집의 구조를 특징 지우기 위해 이용되는

데, 육상식물 군집의 형태를 기술하는데 있어서 군집을 구성하고 있는 식물의 모양에 따라 군집의 상관(相觀)이 정해지기 때문이다.

표 3. 육상 식물의 주요 생육형

- **高木** (목본 식물로 일반적으로 높이 3m 이상)
  - 침엽(針葉; 소나무, 낙엽송, 세코이아 등)
  - 광엽 상록(廣葉 常綠; 대부분의 열대나 아열대의 나무)
  - 상록 경엽(常錄 硬葉; 소형으로 단단한 상록의 잎)
  - 광엽 낙엽(廣葉 落葉; 온대에서는 겨울에, 열대에서는 건기에 시듬)
  - 가시가 있는 나무(침을 가지며 대다수가 낙엽성의 잎을 가짐)
  - Rosette잎을 가진 나무(가지가 갈라지지 않고 정부(頂部)에 대형의 잎을 방사상으로 단다. 야자류나 木性의 양치류 등)
  - 죽류(竹類; 高木狀의 벼과 식물)
- **덩굴식물** (목본의 감고 오르는 식물 또는 덩굴 식물)
- **低木** (작은 목본 식물로 일반적으로 높이 3m 이하)
  - 침엽(針葉)
  - 광엽 상록(廣葉 常綠)
  - 상록 경엽(常錄 硬葉)
  - 광엽 낙엽(廣葉 落葉)
  - 가시가 있는 저목(低木)
  - Rosette 잎을 가진 低木(유카, 알로에, 야자 등)
  - 다육경 식물(사보텐)
  - 반저목(半低木; 생육에 불리한 시기에 줄기 및 가지 상부가 고사한다)
  - 아저목 또는 왜저목 (지표면 근처에 번지는 25cm 이하의 저목)
- **着生**(착생)**식물** (지표보다 높은 곳 즉, 다른 식물의 위에서 생육하는 식물)
- **草本**(초본)**식물** (다년생의 목화한 줄기가 지상부에 없는 식물)
  - 양치(羊齒)식물
  - 벼과형식물
  - 풀(양치류와 벼과형 식물 이외의 초본식물)
- **葉狀體**(엽상체) **식물**
  - 지의류
  - 선(蘚)류
  - 태(苔)류

3-1-2. 생활형(生活形, life-form)

군집의 종류 組成(조성)과 같은 의미이다.

네델란드의 식물학자인 Raunkiaer는 식물의 형태에 대한 또 다른 분류계를 만들었다. 생육형을 특징 지우는 몇 개의 성질을 조합하는 대신에 가장 특별한 특징, 즉 해를 넘기는 조직의 지표에 대한 관계를 채용했다. 해를 넘기는 조직이라는 것은 겨울이나 건기에는 불활성으로 지내다가 생육에 적절한 계절이 되면 다시 생장을 하는 분열조직을 말한다. 그러므로 해를 넘기는 조직은 눈이나 종자를 의미한다. 식물은 이 월년조직(越年組織)에 의해서 기후에 대한 적응상태가 본질적으로 특징 지워진다. 기후가 혹독할수록 찬 공기나 건조한 공기에 노출되는 높은 곳에 눈을 다는 식물종이 적어진다. 육상식물을 눈의 높이에 따라서 5가지 타입으로 분류하였는데 이것을 생활형이라고 하는데, 군집의 구조보다는 종류의 조성과 같은 의미를 가진다.

1) 지상 식물(phanerophytes)

목본 식물로서 눈(芽)은 높은 곳에 위치하는데. 고목(高木) 또는 25cm 이상의 저목 또는 이것에 착생한 덩굴식물 또는 착생 식물도 포함된다.

2) 지표 식물(chamaephytes)

지표보다 상부 25cm 이상에 눈(芽)을 다는 식물로서 지상식물에 비해서 눈은 찬 공기나 건조한 공기에 노출되는 정도가 적어지며, 겨울에는 눈에 쌓여서 보호된다. 예를 들면, 왜성 저목, 반저목, 소다육식물, 로젯트상 저목 등이 있다.

3) 반지중 식물(hemicryptophytes)

다년생초본 식물로 지표면에 눈(芽, bud)이 있다. 한냉 기후에서는 눈 또는 낙엽에 의해 눈이 보호된다.

4) 지중 식물(geophytes)

다년생 초본 식물이며, 눈은 지하에 있어서 구근, 구경, 괴경, 지하경의 형태로 지상의 기후로부터 완전히 보호된다.

5) 일년생 식물(therophytes)

단명의 초본식물로 종자의 형태로 생활에 부적절한 시기를 넘긴다.

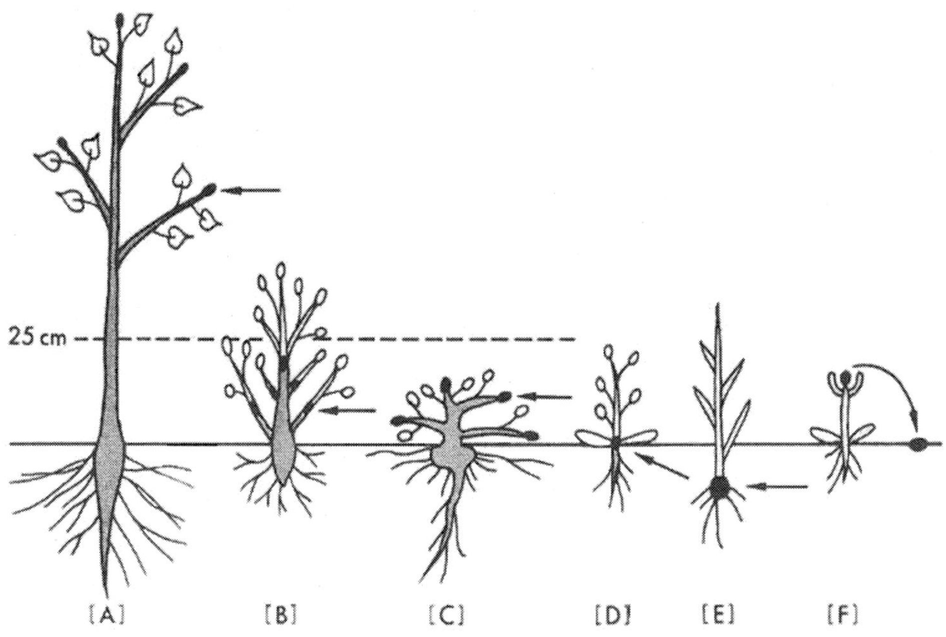

그림 13. Raunkiaer에 의한 식물의 생활형

생활형 스펙트럼(life- form spectrum) ; 군집내의 각각의 생활형에 속하는 종의 수를 %로 나타낸 것.

생활형 스펙트럼은 군집의 조성을 나타내는 하나의 방법이나 다음과 같은 것을 시사한다.

a) 군집이란 다양하게 적응한 종의 혼합체이다.
b) 혼합체의 특징에는 군집이 놓여진 환경이나 군집내의 여러 가지 적응에 대한 상대적 정도가 잘 표현되어 있다.
c) 이와 같은 특징은 환경 조건에 따라 변화한다. 그 변화는 일반적으로 판단하기 어렵고 경우에 따라 예측만 가능하다.

표 4. 식물의 생활형 스펙트럼

	지상식물	지표식물	반지중식물	지중식물	일년생식물
세계의 표준 스펙트럼	46	9	26	6	13
위도계열(습윤기후)					
열대다우림	96	2		2	
아열대림	65	17	2	5	10
난온대림	54	9	24	9	4
냉온대림	10	17	54	12	7
툰드라	1	22	60	15	2
건습계열(온대)					
중생적중간온대림	34	8	33	23	2
졸참나무소림	30	23	36	5	6
건생벼과초원	1	12	63	10	14
반사막		59	14		27
사막		4	17	6	73

「스펙트럼은 Cain and Castro(1959), Whittaker, *Ecol. Monoger.*, 30 : 317(1960)」
「Whittaker and Niering. Ecology, 44 : 446(1965)」에서 인용.

3-1-3. 생물 군집의 수직적 구조

식물의 생육형 및 생활형이 식물의 높이에 의해 분류되는데, 군집 내에서는 조도(照度)의 변화에 따라 다른 종류의 식물이 나타난다.

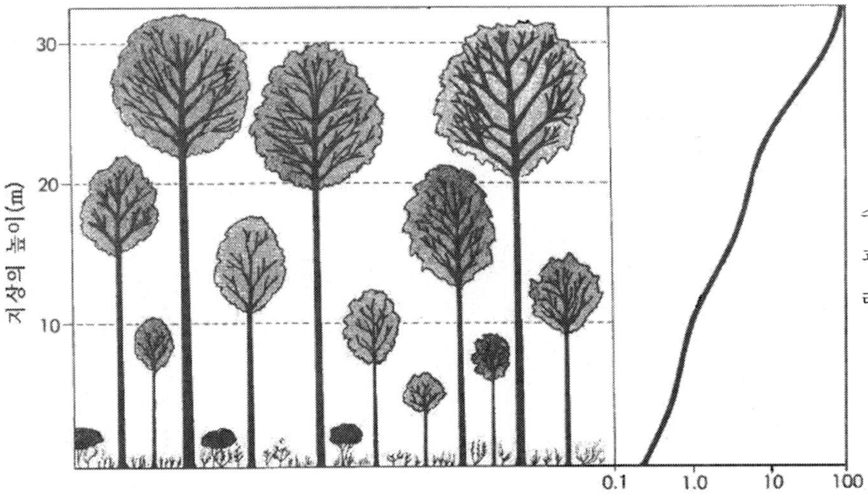

그림 14. 삼림의 계층구조와 광의 투입

3-1-4. 수평적 분포의 형(토양의 깊이 또는 質)

식물은 토양의 깊이나 토양의 성질에 따라서 다양한 분포를 나타낸다.

많은 식물의 분포는 랜덤에서 집중형으로 변하는데, 이와 같이 patch를 만드는 이유는 다음과 같다.

1) 親식물(母식물)에서의 분산(종자, 지하경, 포복경)

2) 환경의 차이(광의 강약의 차이의 patch가 모자이크상이 되어 초본식

물의 patch 형성에 영향을 주거나, 또는 토양의 성질에 의한 영향 등)

3) 종간의 상호작용(어떤 종류의 식물 밑에 초본식물이 밀생. 어떤 종이 다른 종을 배제하고 군생(群生)하면 배제된 종은 무리사이에 비랜덤적 분포가 된다.

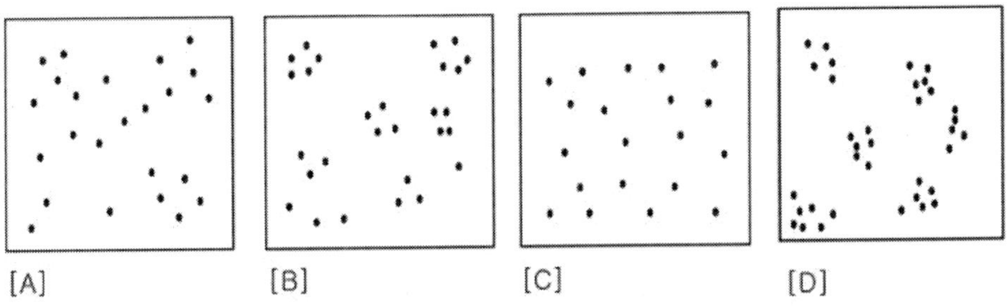

그림 15. 개체군의 4가지 분산 모식도

3-1-5. 시간적 관계

생물의 생리와 행동은 환경의 주기에 대응해서 일어나며, 자연 군집에 있어서의 기능도 광, 온도의 일변화 또는 연변화, 조석(潮汐)의 간만(干滿)과 같은 환경의 주기적 변화에 적응해서 주기적으로 변화하는 것으로 생각된다.

시간적 관계에 적응하는 식물의 예는 다음과 같다.

1) 계절의 추이에 따라 개화하는 식물과 꽃을 방문하는 곤충 종류의 변화.
2) 온대 낙엽수림에서는 계절에 따라 우점(優占)하는 식물의 꽃 색깔이 다르며 이러한 색의 변화는 수분하는 동물을 끌기 위한 적응을 나타내는 것이 많다.

; 봄에 개화하는 초본식물은 지중 식물이 많은 편이다.

; 여름에 개화하는 초본식물은 반지중 식물이 많은 편이다.

3) 열대 다우림의 상록의 삼림에도 확실한 계절 변화가 있다. 열대 다우림의 대부분의 수목은 일정한 계절적 리듬을 가지고 개화하고 결실한다. 그리고 이 리듬은 군집내의 개체군의 종류에 따라 크게 다르다.

* 온대림에도 열대림에도 식물의 개화나 결실 양식은 다양하게 진화해서 계절 변화나 受粉(수분), 종자를 散布(분산)하는 동물이나 바람 등에 대해 여러 가지 형태로 적응하고 있다.

3-1-6. 생태적 지위(niche)의 차이

Niche ; 각각의 종은 다른 종과 다른 독특의 출현 시기와 장소를 군집 내에 가지고 있는데, 타종과의 관계에 있어서 그 종의 군집 내에 있어서의 위치를 뜻한다.

Niche는 하나의 종 개체군이 군집 내에서 어떻게 특수화하고 있는 가를 말해준다. 인간 사회에서 특수화의 장점을 생각하면 사람은 직업적으로 특수화함으로 해서 일에 숙련되고 능률도 오르고 수입도 얻게 된다. 따라서 사회 전체의 능률도 오르고 사회 전체의 득을 가져오게 된다. 2개의 종이 같은 공간 내에 같은 자원을 이용해서 경쟁하면 한 개의 종이 소멸할 수가 있다. 그러나 배양실험에서는 2개의 종이 영원히 공존할 수가 있다.

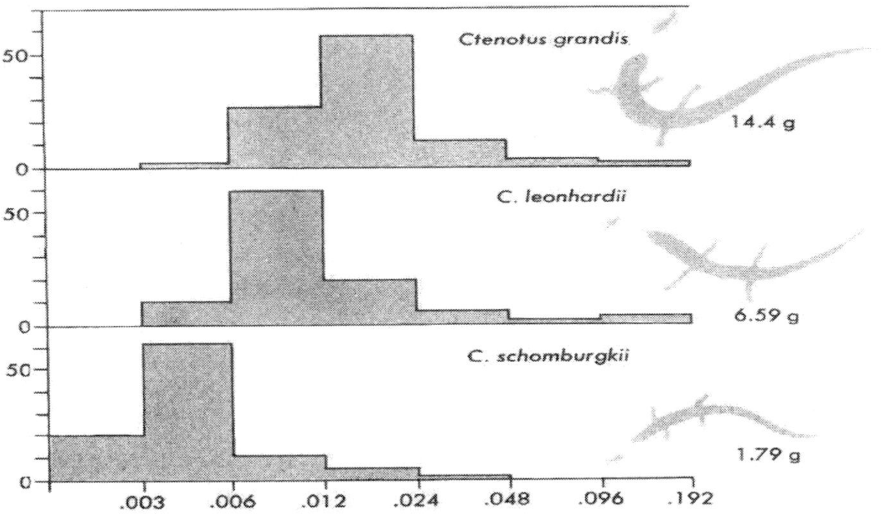

그림 16. 동일 지역에 거주하는 세 종류의 도마뱀과 먹이 크기의 관계

[pianka, Ecology(1969)에 의함]

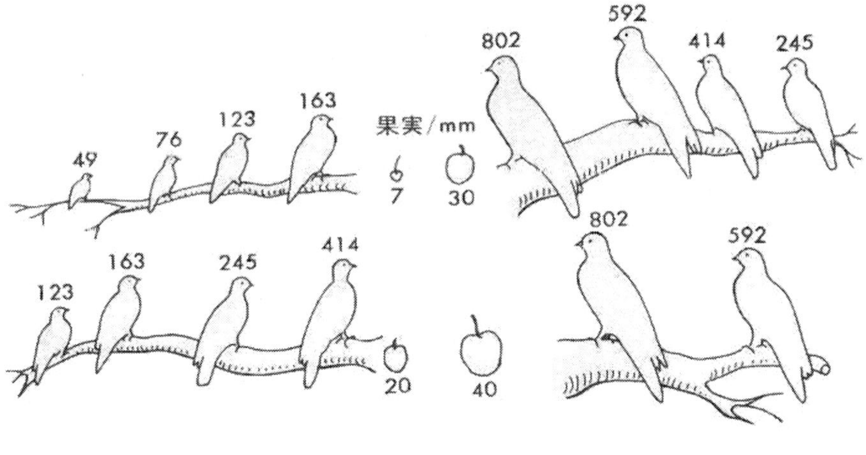

그림 17. 뉴기니아 열대다우림의 과실을 먹는 8 종류의 비둘기의 niche 관계

[Diamond, 1973]

군집 내에서 수평 또는 수직 분포에 있어서의 위치, 시간적 관계, 이용하는 자원, 다른 종과의 상호 작용의 종류, 또는 개체군 조절 양식에 있어

종간의 차이가 있으면, 즉 niche가 서로 다르면, 그들은 안정된 군집 내에서 공존할 수가 있다.

군집은 상호 작용하여 다양하게 분화한 niche를 가진 종개체군이 구성하는 각각의 개체군은 서식공간, 출현시기, 자원, 상호작용의 종류 등에서 직접 경합하지 않고 도리어 서로 보합(保合)하고 있다.

3-2 군집의 상호작용

3-2-1. 종의 다양성

전체 생물군에 대한 적합한 다양성에 관한 일반 법칙을 확립하기는 어렵다. 그 대신 생물군에 따라서 다양성을 지배하는 요인이 다르다. 즉 새는 식물군집의 구조, 식물에는 온도와 수분 조건, 도마뱀은 서식 지역의 여러 가지 관계가 다양성을 지배한다.

[일반성을 가진 다양성을 어떻게 설명하나.]

1) 군집 내에서 생물군의 niche 공간의 좌표축에 진화학적인 오랜 시간에 종의 수가 증가해 서 좌표축에 배열된 다른 종류사이에 끼어들어 그 수를 증가시키는 것. 그래서 지금까지 이용되지 않았던 자원을 이용하는 종이 새로 끼어 들 수도 있으며 새로운 자원경도가 생기면 새로운 종이 생길 수도 있다. 그래서 새로운 좌표축을 더해 niche 공간을 확대하고 복잡하게 해서 오랜 시간 동안에 다양성이 증가한다.

2) 식물은 먹는 동물과 같이 상호 작용하는 2개의 생물군을 생각해보자. 첫 번째의 생물의 다양성이 진화되면 그것에 의존하는 2번째의 다양성도 진화한다. 그 역 방향도 생각할 수 있다. 초식성 동물은 특정의 식물층이 너무 강하게 우점종이 되지 않게 함으로서 식물 군집의 다양성을 증가시킨다. 즉 우점종 식물을 제어함으로서 평형성을 증가시켜, 군집 내에

다수의 비우점 식물종의 생육을 가능하게 한다. 더욱이, 다른 종의 개체군을 제어하는 종은 전자의 niche의 중요한 일부분이 된다. 이와 같이 다양성은 다양성을 낳는다. 종의 다양성은 자기 증대적인 진화현상이다. 다양성의 진화는 더욱 더 다양성의 진화를 가능하게 한다.

3-2-2. 종의 우점성(優占性, importance)

군집내의 종을 상호 비교할 수 있는 일군(一群)의 측정치를 의미한다. 밀도 즉 단위면적 당 개체수는 크기가 다른 생물의 개체군을 비교하기는 적당치 않다. 그래서 단위면적 당 생물의 건물(乾量) 즉 생물량(bio mass)이 여러 가지 종을 비교하는데 이용된다.

식물 개체군은 피도(被度, 그 종의 잎에 덮여 있는 지표면적의 %)나 빈도(군집에 작은 조사구를 설치했을 때 어떤 종이 출현하는 조사구의 수의 %)에 의해 비교할 수가 있다. 그러나 종의 생산량(단위면적 당, 단위시간 내에 만들어지는 유기물의 건조 중량)이 측정되면 우점종의 가장 적절한 척도가 된다. 생산량은 종 개체군의 성장에 사용되는 자원의 량을 표현하고 있는 것으로 이것에 의해 크기나 종류가 상당히 다른 종개체군을 하나의 척도로 비교할 수 있으므로 가장 적절한 비교량이다.

*군집의 자원 공간은 어떻게 분할되어 그것에 의해
종의 생산력에 어떠한 양적 관계가 성립되어 있을까?

1) random niche-boundry hypothesis(니치 경계설)

종의 niche(자원)의 다차원 공간의 경계가 고차원 공간 속에 random으로 분포된다.

(즉 직선 상에 niche의 경계점이 random으로 분포되어 있는 것. niche의 크기대로 배열하면 곡선 A가 된다.)

; 좁은 범위에 한정된 균일한 군집 내에 분류학적으로 가까운 동물들의 소수표본의 경우에 보이는 것으로 삼림이 한정된 곳에 살고 있는 새의 경우로, 무엇보다 장소 경쟁이 심하다. → 동물 표본의 한정된 경우만 설명이 가능하다.

2) niche pre-emption hypothesis (niche 우선 점거설)

Nich의 크기는 어떤 종이 niche공간의 일부를 우선적으로 점거하느냐에 따라 좌우된다.

최대의 우점종이 자원의 50%를 차지하면 이 군집은 생산력의 50%를 차지하는 것이다. 그 다음은 나머지의 50%, 그 다음은 다시 나머지의 50%를 점유해 간다.

; 어떤 식물 군집이 엄격한 환경 하에서 구성종도 적은 경우에 기하급수적이 된다. 이와 같은 군집에서는 우점이라는 현상이 강하게 나타난다.

3) lognormal distribution(다수 정규 분포도)

하나의 종이 점유하는 자원공간의 넓이는 군집내의 다른 종과의 경쟁으로 그 종이 상대적 우위에 서도록 작용하는 다수의 요인에 의해 결정된다는 생각으로, 군집 내에 상당히 우점적인 종과 희귀한 종은 적고 중간적 종이 많다.

; 구성종이 많은 군집(열대 다우림 등)의 경우.

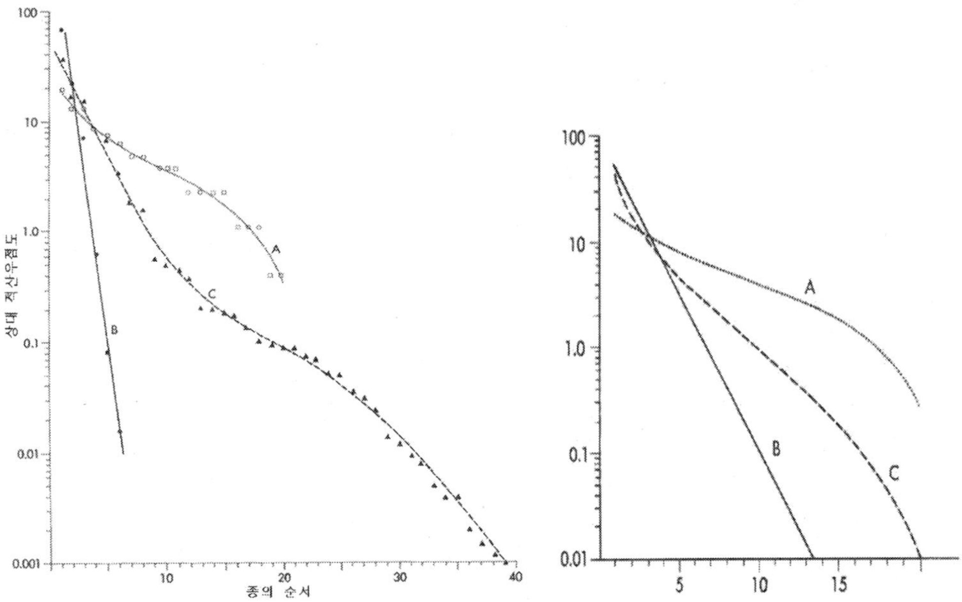

그림 18. 군집의 자원 공간 분할에 대한 적산우점도의 3종류의 가설

3-2-3. 생물군집과 환경

고도에 의한 군집 분포보다 일반적인 형으로 즉 종개체군이나 군집의 각 환경 요인의 경도에 대한 반응이라는 형태로 볼 경우 다음과 같은 문제를 제기할 필요가 있다.

1) 종개체군은 상호간의 관련에 의해 어떻게 분포하고 있는가. 또 군집은 환경 경도에 따라 어떻게 분포를 하고 있는가.

2) 어떤 지역 내의 군집의 종류는 몇 가지의 환경요인의 경도형과 어떻게 관련해 있을까

3) 어떻게 하면, 이러한 생물군집을 가장 잘 분류할 수 있을까.

4) 전 지구적 관점에서 군집과 기후와의 관계를 어떻게 해석해야 할까.

[환경 경도에 따른 종]

먼저 하나의 환경 경도, 즉 길고 평탄하고 연속된 산의 경사면을 생각해 보면, 이 사면에는 여러 가지 식물·동물 및 미생물 등의 생물 군집이 발달하고 있다. 즉 각각의 개체군사이에는 서로 영향을 미치고 또는 경쟁을 하고 또 각각의 종이 niche의 분화에 의해 경쟁을 피하는 듯한 방향으로 진화해온 것을 보아왔다. 그러면 이와 같은 진화의 결과, 환경경도에 따른 종의 분포에 어떠한 관계가 생겼을까.

이전의 생태학자들은 많은 식물종이 모여서 군을 구성한다고 생각했다. 이 군은 명확하게 구분되는 무리를 결집한 형으로 특징 지워져서 군집(association)이라고 불려진다.

· 군집 단위설(community-unit theory) : 식물 군집은 명확하게 정의되는 단위로 만들어진다는 이론이다. 이것은 1924년에 러시아의 L. G. Rameasky에 의해 주장됐다.

· 군집 개별설(individualistic hypothesis) : 한편 1926년 미국의 H.A. Gleson은 종은 개별적으로 다양한 분포를 하므로 명확하게 정돈된 군집형으로 특징 지워지는 군을 형성하지 않는다고 주장했다.

왜 복수의 종이 유사한 분포를 하는 그룹을 만들며 진화하지 않을 까 하는 것이 중요하다. 그것은 경도에 따른 2개의 종개체군의 최적 생존 장소 간의 거리가 선택에 의해 커지기 때문이다.

즉 경쟁하는 종이 niche를 달리하는 방향으로 진화하기 때문에 서식 장소를 달리하는 방향으로 진화하게 된다. 경쟁을 피하는 방향으로 진화해 왔다고 본다. 그러면 이러한 진화의 결과 환경 경도에 따른 종의 분포에 어떤 관계가 생겼을까?

군집 단위설과 개별설의 어느 쪽을 선택할 것인가를 근거로 해서 종개체군의 분포에 관한 많은 작업가설을 세워서 야외 관찰에 의해 가설의 적부를 결정한다. 종의 분포는 아래의 어느 양식에 의해, 종간 관계나 군집 상호 관계로 결정된다(환경 경도에 따라 개체군이 어떻게 군집 상호 관련하고 있는가)

1) 우점 식물종도 포함해서 경합하고 있는 종은 명확한 경계로 서로 배제한다. 경합하고 있지 않은 종은 우점종과 밀접한 관계로 서로 공존할 수 있도록 적응한 종으로 발달한다. 그 결과 환경 경도에 따라 분명한 분포대가 발달한다. 각 분포대는 각각의 적합한 종의 집합으로 되어 같은 식으로 성립된 다른 분포대와의 사이에 확실한 경계가 생긴다. 이러한 분포대는 생물군집의 뚜렷한 비교적 불연속적 지역을 나타낸다.

2) 경합하고 있는 종은 확실한 경계를 배제하지만 비슷한 분포를 가진 그룹에는 불분명하다.

3) 경합의 결과 종 개체군간의 명확한 경계는 생기지 않지만 각각 적합한 방향으로 종의 발달이 생겨 그 결과 비슷한 분포를 가진 몇 개의 종 그룹으로 나눌 수가 있다. 이런 그룹은 여러 종류의 군집을 특징지우지만 연속적으로 移行(이행)한다.

4) 경합하는 종개체군 간에는 명확한 경계는 보이지 않고 분포의 중심이나 경계는 환경경도에 따라 산재한다(일반적으로 (2)의 분포를 나타내며 최근의 야외 관찰이 행해지기 전에 제시된 이론과도 일치한다).

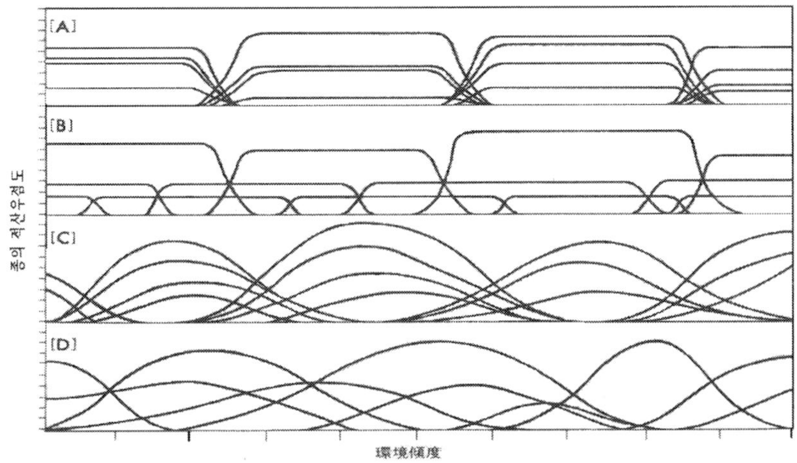

그림 19. 환경경도에 따라 개체군이 어떻게 상호 연관되어 있는가를 나타내는 4가지의 가설

3-3 군집의 발달

3-3-1. 천이(遷移, succession)

군집의 발달과정을 천이라고 한다.

[천이의 일반적 패턴 (Long island의 졸참나무 삼림)]

1. 최초의 1~2년은 일년생 초본식물이 우점한다.

2. 2년 이후는 다년생 초본식물의 초원이 된다(15~20년까지).

3. 저목림 시대가 15-20~30-35년 후 까지 계속. 키 작은 저목에서 키 큰 저목으로 변화한다. 원래 농경지였던 곳의 천이는 저목시대가 없고 소나무류가 초원 내에 생겨난다. 또 화재가 난 후의 천이에는 초원시대가 없다.

4. 30-35~50년 저목과 어린소나무가 혼합림을 이루다가 졸참나무가 나타난다.

⇩

생산량의 변화

최초의해 ; 175g/㎡/년

초원시대 ; 500g/㎡/년

저목과 어린 묘목시대 : 1200g/㎡/년

* 여러 형태의 천이가 많으나 다음과 같은 진행적 발전의 경향은 대부분의 천이에 적용된다.

1. 일반적으로 토양은 점진적으로 발달해서 깊이를 증가시키고 유기물 함유를 증가시켜 최종적인 군집의 성숙한 토양에서 볼 수 있는 토양층의 분화가 발달한다.
2. 식물 군집의 높이, 크기 그리고 계층의 분화가 증가한다.
3. 식물 군집과 토양 중에 포함되어 있는 무기 영양 염류의 축적이 증가되고 그 중 식물체 중에 축적되는 량의 비율도 증가한다.
4. 생산력 (단위면적 당 군집내의 유기물의 형성 속도)은 토양의 발달 군집 구조의 발달에 따라 증가하고 군집에 의한 환경자원의 이용도 증대한다.
5. 식물 군집의 지상부의 높이나 밀도가 증가함에 따라 군집내부의 미기후는 한층 군집 자체의 성질에 의해 결정되게 된다.
6. 종의 다양성은 천이의 초기의 단순한 군집에서 말기의 풍부한 군집, 즉 성숙한 군집으로 진행됨에 따라 증가한다.
7. 환경경도에 따라 안정된 군집에서 보이는 것과 동일한 방법으로 개체군은 시간의 경과에 따라 증감해서 서로 교대한다. 이 교대 속도는 대개의 경우, 작고 수명이 짧은 종이, 크고 수명이 긴 종으로 치환되는 듯한 천이를 거치면서 늦어진다.
8. 이상의 결과에서 군집의 상대적 안정성은 천이에 따라 증가해 가지만 초기의 단계는 대체로 불안정하고 개체군은 급격하게 교대해 간다. 한편, 최종 단계의 군집은 보통 안정되고 수명이 긴 식물이 우점해서 자기의 개체군을 군집의 종류 조성과 함께 유지해서 다른 방향으로의 변화가 없다.

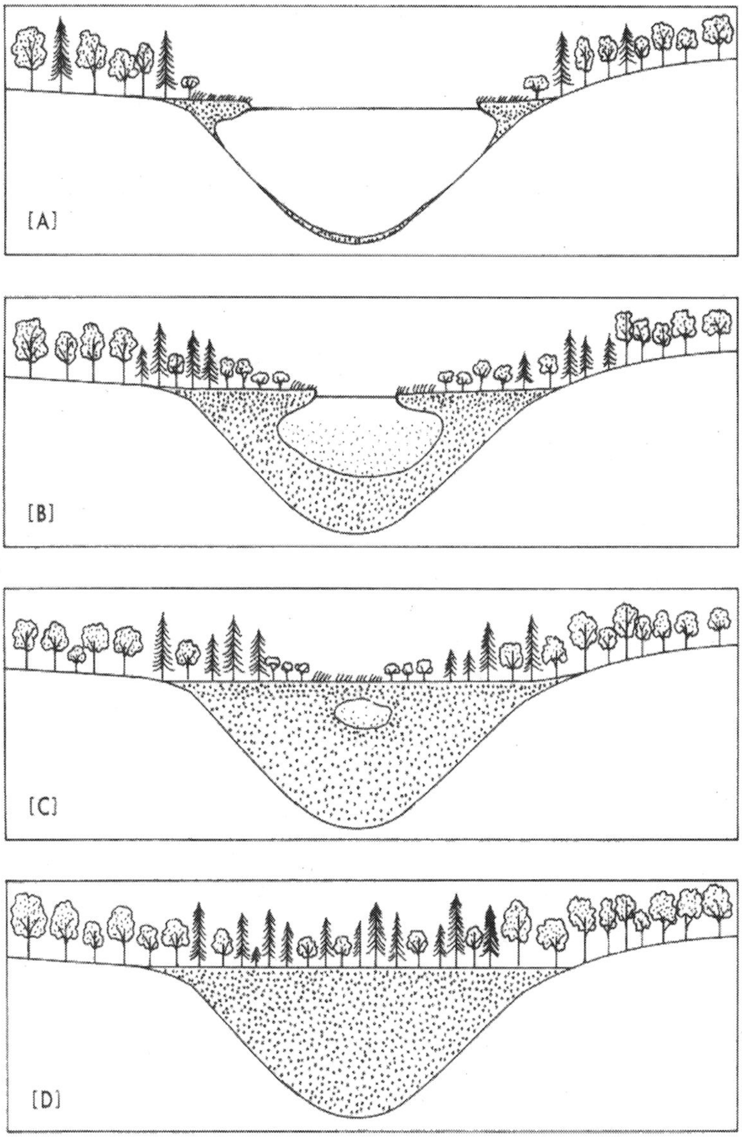

그림 20. 습윤 호소의 천이

3-3-2. 극상(極相, climax)

군집 천이의 최후에 도달하는 성숙에 달한 군집을 말한다. 군집의 상대적 안정성을 의미하고 극상에 대해 기대할 수 있는 것은 군집이 여러 가지 면에서 우리가 안정 상태라고 부르는 상태를 말한다.

1) 군집의 종개체군이 안정상태가 되어야 한다.

출생율과 사망율이 평형인 상태이다.

2) 군집의 기능적 존재로서도 안정 상태여야 한다.

유기물의 기능 전체로서도 정상상태여야 한다. 광합성 산물과 호흡 무기양분 흡수와 낙엽 등을 통한 토양에의 환원이 평형인 상태이다.

극상은 천이 단계에서 변화하는 생산력, 생물량, 영양 염류의 축적, 종의 다양성, 토양의 발달, 더욱이, 극상 군집종의 우점종화 등이 최고 레벨에 달했는가에 따라 정할 수 있다. 그런데 문제는 이런 변화가 각각 최고 레벨에 달하는 시간이 차가 있다는 데 있다. 군집의 생산력과 다양성의 최대는 천이의 도중에 나타나며 극상 군집의 종은 우점종이 된다. 생물량은 천이 단계의 후기에서 극상에 이행함에 따라 도리어 감소하는 경우가 있다. 그러나 충분히 발달한 극상의 정의로서 생물량이 최대가 되었을 때를 이야기하는 것이 일반적이다.

(1) Clements의 단극상설(monoclimax theory)

어떤 지역에서의 많은 천이는 최초에는 각각 달라도 천이가 진행됨에 따라 최종적으로는 유사한 극상이 된다. 이런 단일 극상 군집은 그 지역의 기후에 의해 결정된다고 생각한다(기후 극상설).

(2) 다극상설(多極相說; polyclimax theory)

생육지가 다른 경우의 극상 간에는 물질적인 차이가 있어 여러 종류의 극상 군집이 성립된다. [지형적(남향 또는 북향)조건, 토양조건(광물의 조성)]

(3) 극상 패턴설

생육지와 그곳에 발달하는 군집은 생태경도라고 할 수 있듯이 단계적으로 변화한다.

극상 군집은 환경 경도의 패턴에 대응하는 단계적으로 변화하는 군집의 패턴으로서 이해해야 한다. 그곳에 발달하는 군집은 생태경도라고 할 수 있듯이 단계적으로 변화한다. 이 패턴에는 여러 가지 지형, 토양조건에 적응한 어떤 지역 내의 폭넓은 종류의 군집이 포함된다. 그러나 하나의 중심적인 또 가장 넓게 확대된 군집형을 이 패턴 중에 인정할 수가 있는데 이 군집형을 우월극상(prevailing climaax) 또는 기후적 극상으로 이 지역의 기후를 나타낸다고 생각해도 좋다.

3-3-3. 생태계의 퇴행 현상

만일 우리들이 생태계를 오염시킨다면 그 오염은 생물군집을 어떻게 변화시킬까. 지금까지 우리들은 진화학적인 긴 시간을 통해서 생물 군집은 종류의 수를 증가시키고 또 이 종류 수의 증가가 niche의 분화 및 종류 상호간의 조화에 의해 가능해지는 것을 보아 왔다. 어떤 1군의 생물 전체가 적응하기 어려운 혹독한 환경의 스트레스가 작용하고 있을 때 그 군집 중의 소수 종 만이 살아남아 그 환경 하에서 다른 종과 조화될 수 있게 될 것이다.

환경의 스트레스가 있을 경우 이렇게 종의 다양성이 저하되는 것으로 생각된다.

극상에서 종류수가 최대가 되는 것은 아니지만 천이의 과정에 따라 군집을 구성하는 종의 수는 일반적으로 증가한다. 많은 천이의 과정에서 생산력, 생물량 및 군집의 높이와 구조의 복잡성도 증가한다. 그래서 이들의 양은 극상에서 최대가 될 것이다. 독성을 가진 것으로 생각되는 많은 오염물질이나 어떤 생물 또는 생물군집에 부가되는 독물은 일종의 스트레스이다

오염물질이 미치는 영향에 대한 문제는 다음과 같다. 즉 인간이 가한 새로운 스트레스의 종류나 정도에 대해서 생물의 종류, 또는 군집이 아직 적응하도록 진화해 있지 않을 경우 그와 같은 새로운 스트레스에 의해 군집이 어떻게 영향을 받을까 하는 것이다. 더욱이 군집이 스트레스에 대해서 천이와의 관련에 있어서 어떻게 반응할까 하는 것이다.

이 질문에 대한 해답의 하나로 시사하는 것은 과방목의 영향 중에서 찾아볼 수가 있다. 과방목은 최근의 오염이나 방사능보다도 오래 전부터 문제가 되어 왔었다. 생물군집에 있어서 어느 정도의 초식동물의 포식은 보통이지만 가축에 의한 과방목은 포식압의 정도나 종류에 있어서 부자연스러운 것이다. 그 군집의 외래자(外來者)인 초식동물은 일차 생산물을 자연조건에서 보다 훨씬 많이 포식한다. 그 때문에 초원에 자생하는 어떤 식물종은 증가된 피식을 견디지 못하게 된다. 과방목의 영향은 먼저 이와 같은 생물종의 감소로 나타난다. 그 사이에 피식에 대한 저항성이 보다 커져 감소종과의 경쟁에서 이긴 다른 종류(증가종)가 피도(被度)를 넓히게 된다. 동시에 이 초원의 생물량 초장 및 전피도(全被度)가 감소한다. 과방목이 더욱 계속되면 증가종도 감소시킨다. 그러나 한편으로 착란되지 않은 군집의 멤버가 아니었던 식물(침입종)이 출현하게 된다. 그리고 이들 식물의 피도는 크게 되어 드디어 벼과 초원은 이들 종의 식물이 우점하는 잡초 초원이 된다. 더욱이 과방목이 계속되면 그리고 이들 잡초가 계속 밟히게 되면 피도가 감소하고 과방목의 최종결과는 진흙 초원 또는 암석사면이 된다. 과방목에 관해서는 일반적으로 다음과 같은 군집의 성질의 저하가 알려져 있다. 즉 생물량, 생산량, 생산력 피도와 구조의 복잡성, 종의 다양성, 군집에 의한 환경 변혁작용, 영양염류의 규제 등의 저하이다.

지금까지의 이야기처럼 일반적 천이의 경향과는 반대경향이 보인다. 따라서 이러한 영향을 역방향의 천이(퇴행천이, retrogression)의 일종이라 할 수 있다.

이것은 정상적인 천이의 각 단계를 역으로 거슬러 가는 것을 의미하는 것이 아니고 천이의 시간을 통해서 증가하는 경향이 있는 여러 성질의 것이 환경 스트레스의 결과 감소하는 것을 의미한다.

Chapter 4

환경오염

18세기 영국 산업혁명이후, 인류가 석탄, 석유 등의 화석연료를 에너지원으로서 기술을 획득한 결과 세계적으로 공업생산활동이 현저하게 증가하였다. 그리하여 소비활동도 확대되고 생활은 풍부하게 되어 인간사회의 부와 행복을 가져온 것처럼 보였다. 그러나 20세기 후반에 접어들면서 인류의 생활환경은 급속하게 오염되어 인류의 생존을 위협하는 상태에까지 악화되어 왔다.

선진공업국에서는 화석연료를 대량으로 소비해서 공업활동을 확대하고 그 제품을 해외로 수출하여 부유한 생활을 하고 있다. 그 결과 대량의 생활폐기물이나 산업폐기물이 배출되어 그 처리가 사회문제로까지 이르렀다. 그리하여 일부는 해외에까지 그 처리를 위탁하는 사례도 나타나고 있다. 또한 자연계에서는 존재하지 않는 인조 화학물질을 생성하고 다량으로 사용해서 지구상에 축적하여왔다. 이것이 자연환경 중에 잔류해서 생태계에 악 영향을 미치기 시작하였다.

한편 개발도상국에서는 인구의 급증에 의해 식량의 확보가 큰 문제로 되고 있다. 자연의 풍부한 숲을 벌채해서 농지로 전환하고 건조지대에서는 과도한 방목에 의해 사막 면적의 확대를 조장하였다. 또한 인구의 급증에 의해 보다 나은 생활을 위해 도시로의 탈출은 도시인구를 급증시켰다. 이와 같이 인구의 급격한 증가가 생활환경을 악화시켜 위생상태의 악화를 초래하기도 한다.

최근 국제적 정치문제로까지 발전해 온 지구환경문제는 선진국의 공업생산활동으로 발생하고 있는 환경오염문제와 개발도상국가에서의 인구문제와 식량문제와 관련한 열대림의 파괴, 사막화, 인구의 도시집중 혹은 공해대책을 무시한 급속한 공업화에 의한 환경오염문제 등이 밀접하게 결합되어 있다.

산업혁명 직후의 오염은 공해를 말하는 것이었다. 공해란 환경질의 악화로 인해 나타나는 누적적이고 만성적인 피해 현상으로, 영국의 공적 불법방해에서 유래된 것이다. 그렇지만 현재의 환경오염은 공해보다 확대된 의미로 볼 수 있으며, 법적으로 '환경권'을 수반한 의미이다. 따라서 최근에는 일반적으로 공해보다 환경오염이란 말로 표현하고 있다(우리나라의 환경보전법, 일본의 환경연구소 등)

1) 오염

초기 순수과학에서는 '순수하지 않은 상태'를 오염이라고 정의하였으며, 현재 환경과학에서는 '사용하기에 방해가 될 만큼 충분한 이물질이 포함된 상태'를 오염이라 정의하고 있다. 이러한 오염의 원인은 크게 자연적인 오염과 인위적인 오염으로 나눌 수 있다. 천재지변(화산폭발, 해일, 지진 등), 생물의 배설 등 자연적 오염은 자연이 정화할 수 있는 능력 범위 안에 있지만 인간의 농약사용, 방사능 등 인위적인 오염이 추가되고 한 곳에 집중 될 때는 자연이 정화할 수 없는 상태가 된다.

2) 환경문제

자연의 인위적 변화가 다시 인위적 요인에게 되돌아오는 것(부메랑 효과)을 환경문제라 정의하고 있으며, 이러한 환경문제는 오염이 가중됨에 따라 대두되고 있다. 환경오염은 단기적으로 인간의 건강(육체적) 악화, 경제적 손해, 생활환경(정신적) 악화 등 국보적인 문제뿐만 아니라 장기적으로는 생태계 파괴, 먹이연쇄의 불균형 등으로 인한 환경재앙의 발생으로 전지구적인 문제로 대두되고 있다.

3) 환경문제에서 잘못 인식되고 있는 점

(1) 기준치 이하는 괜찮다

일반적으로 기준치라고 하는 것은 인간에게 단시간에 발생되는 악영향을 기준으로 설정된다. 장기적으로 생물에게 농축되어 분해되지 않는 물질로 인한 피해를 예측하기란 쉬운 일이 아니다. 더욱이 이러한 기준치 설정이 충분한 과학적인 자료를 바탕으로 이루어지지 않을 경우에는 불확실성에서 오는 문제들로 인해 기준치 이하에서도 전혀 예상치 않았던 문제가 발생할 수도 있다.

(2) 오염물질은 자연상태에서 시간이 경과하면서 독성이 사라지고 안전한 물질로 변한다.

인간이 버리는 오염물질 중에는 환경 중에서 자연적으로 분해되는 물질들이 많다. 하지만 플라스틱과 같이 자연에서 분해되지 않는(난분해성) 물질이 존재하기도 하고, 어떤 경우에는 화학적인 변화를 거쳐 새로운 오염물질을 생성하거나 독성이 증가하기도 한다. 예를 들어 페놀의 경우는 환경 중에서 클로로페놀로 변하여 독성이 증가한다.

(3) 오염물질은 이동하지 않는다.

오염물질이 이동할 수 있는 경로는 수없이 많다. 생물체에 축적되어 먹이연쇄를 통해 이동하는 경우도 있지만 생물이 가장 밀접하게 접하는 대기, 물 등은 오염물질이 다른 곳으로 이동할 수 있게 해주는 중요한 매개체가 된다. 예를 들어 방사능물질의 경우는 대기에 의해 멀리까지 이동한 사건이 발생하기도 하였는데, 체르노빌 방사능유출 사고로 인해 스웨덴의 감시관측소에서 고농도의 방사능이 검출되었다.

(4) 사고는 발생하지 않는다.

1986년 4월 25~26일 체르노빌 원자력 발전소에서 기술자의 관리부실로 방사능물질이 유출된 사건이 발생하였다. 이는 과학기술이 인간에게 많은 혜택을 주고 있지만 사소한 실수에 의해서도 치명적인 환경문제가 발생할 수 있다는 것을 보여준 한 실례가 되었다.

한편 늘어가는 인구가 마침내 지구의 용량을 초과해 절망적인 상황을 초래하라는 맬더스의 예측은 200년이 지난 오늘 현실로 나타나고 있다. 즉, 인구의 성장곡선이 여전히 가파른 기울기를 유지하면서 증가하고 있는데, 유엔은 인구증가 추세가 계속될 경우 2050년의 세계인구는 89억 명에 이를 것으로 추산하고 있다. 이들 증가세를 주도하는 것은 주로 개발도상국들인데, 그 중 현재 6,200만 명의 이디오피아의 인구는 2050년에 1억 6,900만, 파키스탄은 1억 4,800만에서 3억 4,500만 그리고 나이지리아는 1억 2,200만에서 2억 4,400만으로 두배 이상 늘어날 것으로 예상하고 있다.

한편 프랑스, 이탈리아, 스페인 등의 유럽 국가들에서는 인구분포의 불균형을 초래할 만큼 출산율이 크게 낮아졌고, 개도국들의 출산율도 빠른 속도로 떨어지고 있다. 또한 오스트리아의 국제 응용시스템분석연구소는 세계의 인구가 정점에 이르렀기 때문에 2100년경에 65억명 선에서 안정될 것이라고 예상했다.

이와 같이 출산율과 인구증가율이 감소하고 있지만, 낮은 인구증가율은 이미 불어난 인구를 바탕으로 산출된 것으로 인구가 30억이던 60년대의 인구증가율은 2%를 넘었지만 연간 증가 수는 6,000만 명 미만인 반면에 인구가 60억에 이르는 오늘날에는 증가율이 1.5%이어도 연간 증가 수는 8,000만 명에 이른다. 세계인구가 20억이 되는데는 400만년이 걸렸지만 다시 20억이 증가하는 데는 46년이 걸렸으며 다시 20억이 늘어나는 데는 22년 밖에 걸리지 않았다.

이들 인구증가는 무엇보다도 심각한 식량과 물 문제를 야기시킨다. 지난 25년 간 무려 2억 5,000만 명(일년에 1,000만 명)이 굶주림에 죽어갔다. 5명 중 1명이 충분한 음식을 섭취하지 못하며 아프리카의 1인당 식량생산량은 64년보다 27%나 감소했다. 급속한 인구증가세에 있는 나이지리아의

1인당 농경지의 면적은 지금의 0.15ha에서 2050년에는 절반도 안되는 0.07 ha, 파키스탄은 0.08ha에서 0.03ha로 줄어들 것으로 추측된다. 또한 매년 1,800만 명의 인구가 늘어나는 인도는 물이 고갈되면서 지하수면이 해마다 1~3m 씩 낮아지고 있고, 29개국의 5억 명이 물 부족으로 고통받고 있으며, 2050년에는 그 수가 25억 명으로 늘어날 것으로 보인다.

이러한 현상은 단지 특정지역에서 인구가 많다고 생각하기보다는 지역간-국가간의 경제력 차이 때문이라 생각하여야 하고 무작정 선진국들이 후진국의 개발정책을 위한 노력보다는 균형된 개발에 노력을 기울여야 한다.

생태계나 생물권은 물질순환이 정지된다면 붕괴해버리고 만다. 개개의 생물이나 군집의 생활도 물질순환의 긴밀한 관계 속에서 영속된다. 사람의 생활도 마찬가지이다. 그렇지만 사람의 산업활동은 이러한 순환계를 어렵게 만들 물질을 생성하게 된다. 이들에는 화석연료의 연소물, 공업적 질소고정, 중금속이나 유기할로겐 화합물의 폐기물 등이 관련하고 있다.

이들 물질은 사람의 생존에 적절하지 못한 상황을 초래할 수도 있으므로 순환계에 적절한 정화시스템이 필요하다.

인구의 증가는 다음과 같은 심각한 문제를 발생시킬 수 있는데 그 중 몇 가지 예를 들어보자.

1) 식량의 부족

인류 역사의 대부분의 기간에서 인구 증가에 따른 식량 공급의 증가는 가까스로 행해져 있다. 새로운 식량 자원의 발견 후, 상당히 오랜 시간을 필요로 하는데 식량 자원이 결핍되는 시기로 바뀌어 버리고 있다. 특히 제 2차 대전 후의 급격한 인구증가에 의해 세계의 식량 공급을 초과하는 일이 염려되고 있는데 그렇게 되기 전에 녹색 혁명에 의해 다소의 시간 여유가 부여됐다. 이 녹색 혁명이란 높은 생산력을 가진 곡물 품종과 높은 생산력을 실현하는데 필요한 관개 비료, 및 해충 방제 기술을 이용한 진보된 농업을 후진국에 수출하는 것이다. 이러한 시간의 여유는 다음과 같은 눈에 보이지 않는 보상을 가져다 준다. a) 후진국의 도시 인구의 증가, 이 증가는 집약적 농업 및 식량의 수송과 분배에의 의존의 도를 크게 한다. b) 다량의 비료와 살충제의 사용에 의한 환경의 악화 및 c) 높은 식량 생산에 따르는 불안정성, 이것은 병에 약한 특수한 곡물 품종의 재배 및 계속적인 경비를 요하는 기술(비료, 살충제, 관개수, 및 농작 기계를 만들거나 움직이는데 필요한 연료)의 투입에 의한 것이다.

2) 환경 파괴

한사람 당 공업에너지의 소비량이 일정하다면 인구의 증가는 환경에의 유독물질의 방출의 증대를 의미한다.

1인당 에너지의 평균 방출량은 매년 증가하고 금후로도 증가시키는 것이 거의 모든 나라의 정책으로 되어 있다. 현재 세계인구의 배증 속도는 35년인데 에너지 사용량은 그 이상의 속도로 증가하고 있어 전세계의 석유 사용량의 배증은 약 10년이다. 에너지 사용량의 증가가 계속되는 한 공업 부산물의 얼마를 제어하려는 노력에도 불구하고 이런 부산물의 환경에의 방출은 각오하지 않으면 안 된다. 더욱이 환경에의 물질의 방출이 크게 되는 것은 잠재적 오염물질의 종류 및 량도 커진 것을 나타낸다.

3) 자원의 결핍

공업 및 기계화된 농업의 발달은 화석 연료와 금속 등의 재이용 불가능한 자원을 요구하고 있다.

자원의 양과 추출 가능성 대체 자원이 분명치 않은 상태에서 자원고갈의 시기와 그 영향을 예측하기는 어렵다. 그러나 고갈이 목전에 있다고 예측되는 자원의 이용증가와 점점 저급한 자원 채취를 위한 에너지 사용의 증가때문에 국제적인 경합과 긴장은 선진국과 후진국 모두에 경제적인 스트레스를 증가시킨다.

4) 심리학적 영향

인간 사회는 복잡하고 또 부분적으로는 눈에 보이지 않는 체제로 작동되는 듯이 보이는 살아 있는 계이다.

인구의 증가와 고도로 발달한 공업의 영향은 개인의 심리 나아가 사회의 체제, 더욱이, 그것이 안고 있는 제 문제에 관여하는 능력에 관계를 가진다. 후진국에 있어서는 심리적 영향에는 기아에 대한 공포와 실감, 증대하는 빈곤과 실업 문제를 포함한 도시로의 인구 집중, 국가가 상대적으로 빈곤해 간다는 의식, 그리고 인구문제 자체보다는 그 이전의 失意(실의) 등이 포함된다. 이들의 영향은 전통적인 문화나 가치체계가 부여되는 인간 생활의 기반의 저하와 동시에 나타난다. 한편 부유한 나라에서는 인구와 공업이 계속 증대하는 영향에는 너무나 거대해진 도시와 개인으로는 어쩔 수 없는 사회 체계에의 개인의 매몰, 격화하는 빈곤과 오염의 문제를 포함한 도시에의 인구집중, 더욱이 상업주의가 문화와 사회에의 개인의 참가와 의무의 의식을 약하게 하고 있는 듯하다. 부유한 나라, 빈곤한 나라 어느 쪽도 사회의 건설에 기여하는 것과 사회 건설에 참여하는 데 대한 희망과 의욕의 에너지가, 인구 문제, 식량 부족 또는 환경파괴, 경제력 저하 등의 문제를 소멸시킬지도 모른다. 여기에서 중심되는 문제는 인구과잉 즉 장기간에 걸쳐 유지될 수 있는 인구를 초월한 증가이다.

인구가 과잉이 되는 이유는 자원의 혜택을 가지고 그것을 이용할 수 있는 능력을 갖춘 생물로서의 인간이 가진 본질에 있기 때문이다. 인구가 자연히 안정화하는 경우도 있으나 일반적으로 인구의 제어는 곤란하다. 단지 바람직하지 못한 방법(전쟁, 기아, 병)으로 안정화된다. 일반적으로 증식의 가능성이 부여되고 있고 양친이 갈망하므로 인구는 증가한다.

공업의 발달에 어떤 한계를 설정할 필요성이 최근에서야 겨우 인식되게 됐으나 실행을 하기에는 상당히 어려운 문제이다. 그것은 인간이 공업에 의한 부와 혜택을 강하게 원하기 때문이다. 따라서 각국에서는 인구증가를 받아들여 공업의 최대한의 발달을 추구하고 있다.

유한한 세계에서 이런 영향은 Garrett Hardin에 의해 'common'의 비극으로 말해진다.

어느 마을에서 공유의 목초지 즉 common은 전체마을 사람에 개방되어 그것을 이용하는 가축 주인과 가축의 수는 많지 않다. 만일 가축주인과 가축의 수가 많으면, 목초는 과도하게 소모되어 common은 붕괴해 버린다. 그러나 가축의 소유주는 사람마다 자신의 가축 수를 가능한 한 증가시키는 것이 이익이 된다고 생각한다. 이것과 마찬가지로 자원이 유한한 세계에서 인구와 공업의 증가가 늘 경우는 자원의 고갈, 생물권에서의 과잉부하, 국가 간의 경쟁을 강화하게 된다. 즉 common과 그것을 이용하는 모든 사람에게 손해를 주게 된다. common에 손해가 생긴 경우에도 각국은 공업 발달에 노력하는 것이 그 나라에 이익이 된다고 생각한다. 물질적인 번영이나 영화에의 노력은 인간의 안위를 의존하고 있는 common의 붕괴를 촉진할 뿐이다.

William James는 '인간에 있어 곤란한 점은 인간은 필요 이상의 양을 가지지 않으면 충분하다고 생각지 않는 다는 것이다'고 말한다.

4-1 환경오염의 종류

4-1-1. 대기오염

1) 대기오염의 정의

(1) 대기오염의 정의

대기오염의 정의는 국가, 단체 또는 학자에 따라 약간의 차이는 있으나, 보편적으로 대기 중에 인공적으로 배출된 오염물질이 존재하여 오염물질의 양과 그 농도 및 지속시간이 어떤 지역주민의 불쾌감을 일으키거나 해당지역에 공중보건상 위해를 미치고 인간이나 동식물의 생활에 해를 주어 도시민의 생활과 재산을 향유할 정당한 권리를 방해받은 상태를 말한다(WHO의 정의). 즉 공기 중에도 질소(79%), 산소(21%), 이산화탄소(0.03%) 등의 여러 가지 물질이 존재하고 있으나, 이와 같은 정상적으로 존재하는 물질 이외의 물질, 또는 정상상태 이상의 양을 대기 중으로 방출시킬 때 대기는 오염되는 것이다.

(2) 대기오염의 원인

인간은 과학의 힘을 빌어 더욱 편리한 생활을 추구하여 오늘날과 같은 문화와 문명을 영위하고 있다. 과학발전의 기본이 되는 에너지의 사용은 인간의 삶의 질을 높이는 원동력이 된 반면, 대기오염물질을 방출하여 지구상의 모든 생물의 생존을 위협하고 있다.

이들 대기오염의 원인으로는 자동차 배기가스, 화석연료(석유와 석탄 등), 산업활동, CFC와 같은 물질의 사용, 황사 등 다양하다. 이중에서 가장 중요한 것이 자동차 배기가스이며, 자동차에서 배출되는 가스는 황산화물, 질소산화물, 이산화탄소 등 무수히 많다. 이들이 대기환경으로 유출되어 산성비, (광 화학적)스모그현상, 온실효과 등을 발생하고 있다. 우리나라에서도 1천만대 이상의 자동차가 운행되어 이들에 의한 환경문제가 계속 일어나고 있으며 이외에도 CFC에 의한 오존층의 파괴, 이산화탄소에 의한 온실효과 등도 중요한 대기오염의 원인이 되고 있다.

(3) 대기오염 농도 표시법

대기 오염의 정의에서 농도 및 지속시간이 중요한 것은 오염물질 발생량은 일정하더라도 기상상태나 지형상태 등에 따라서 대기 중에서의 오염물질 농도는 크게 달라질 수 있기 때문이다. 여기서 대기오염 정도를 나타내기 위한 농도의 개념을 정리해 두기로 한다.

우리는 보통 상대적인 비율을 표시할 때 %(per cent)라는 단위를 많이 사용한다. %라는 것은 100에 대해 얼마만큼의 비율로 존재하는가를 나타내는 단위이다. 대기오염 농도는 공기 일정부피에 대해 오염물질이 2부피 있다면 오염농도는 2%라고 할 수 있다. 공기나 대기 중의 오염물질은 입자상 물질을 제외하고는 대부분이 기체상태로 존재하므로 그 양을 부피로 표시한다.

그러나 대기 중에서의 대기오염 물질 양은 %로 표시하기에는 어려울 만큼 미량으로 존재하는 것이고 따라서 기준량을 늘려 기준량을 100이 아니라 100만으로 한 것이 일반적으로 가장 많이 이용하고 있는 ppm(parts per million)단위이다. 예를 들어 공기 100만 부피에 대해 오염물질이 2부피 있다면 2ppm이 된다. 이것은 100부피에 대해서는 0.0002(2/10,000)부피만큼 존재하는 것이므로 0.0002%로도 표시할 수 있다. 또, 기준을 10억으로 한 것이 ppb(parts per billion)단위이고, 결국 1ppm은 1,000ppb가 된다.

(4) 대기오염 피해의 분류

또 하나 대기오염 물질의 피해와 관련하여 대기오염의 정의에서 고려해야 할 사항으로 지속시간의 문제가 있다.

대기오염 피해에는 급성피해와 만성피해로 나누어 생각할 수 있다. 급성피해란 대기오염 물질의 농도가 급격히 상승하여 일시적으로 인체에 피해를 주는 것으로 공장에서의 가스유출 사고나 원자력 발전소의 사고 등과 같은 돌발적인 사고에 의한 것이다. 급성피해 중 우리가 주변에서 가장 많이 경험하고 있는 것은 연탄가스에 의한 일산화탄소 중독이 있다. 만성피해는 대기오염 물질이 인체 또는 다른 생명체에 오랜 시간을 두고 조금씩 축적되어 나타나는 피해로, 현재 우리가 일상생활에서 느끼는 대기오염의 피해는 주로 만성피해의 영향이 크다고 할 수 있다. 만성피해는 순간적으로는 그 피해를 알 수 없어 그 인과관계를 밝히기 어렵다는 점이 있으나 만성 호흡기질환이나 천식 등은 대기오염에 의한 만성피해의 전형적인 예라고 할 수 있다.

2) 대기오염의 역사

(1) 대기오염의 시작

대기오염 물질은 일반적으로 어떤 물질을 태우는(연소) 과정에서 발생하는 것으로, 대기오염의 역사는 인류가 불을 사용하면서 시작되었다고 해도 지나치지 않을 것이다. 그러나 일찍이 대기오염 문제가 사회 문제화되지 않았던 것은 오염물질이 대기 중으로 방출되어도 일정시간이 지나면 반응이나 침착 등의 과정을 거쳐 대기 중에서 사라지고 또한 대기의 자연정화능력의 범위를 벗어나지 않을 정도로 배출량 자체가 적었기 때문이었다. 이것이 인류가 석탄, 석유등의 화석연료를 사용하면서 배출량 자체가 증가하였고, 급기야 대량생산, 대량소비라는 산업혁명을 거치면서 대기오염 문제는 사회문제로 인식되기 시작하였고, 1920년 이후에는 대형의 세계적인 대기오염 사건을 발생시키게 되었다.

여기서 각 나라별로 대기오염에 대한 역사를 살펴보는 것은 현재 우리나라 대기오염의 현주소를 파악하는 데 도움이 될 것이다.

(2) 영국의 대기오염

우리는 영국신사라는 말을 자주 한다. 물론 여러 가지 의미가 있겠지만, 영국신사의 전형적인 모습의 하나로 모자를 쓰고, 한 손에는 우산을 흔들고 다니는 모습을 쉽게 떠올릴 수 있을 것이다. 이러한 모습은 영국이라는 나라가 해양성 기후로 자주 안개가 발생하고 비가 갑자기 오는 경우가 많기 때문에 생겨난 생활습관의 하나일 것이다. 영국의 이러한 기후가 대기오염을 심각하게 하는 기상조건이 되어 영국은 세계 어느 나라보다도 대기오염 문제를 먼저 경험하였다.

영국에서는 수 백년 전부터 매연이 건강에 미치는 영향이 문제가 되어 1273년 의회는 런던시내에서 석탄연소를 금지하는 법률을 가결시켰다. 1661년 Evelyn은 도시로부터의 공장이전과 녹지대형성을 주장하였다. 그러나 산업혁명이 시작되면서 석탄의 사용금지 또는, 제한하는 계획은 완전히 뒷전으로 밀려나게 되었고 이에 따라 생활환경은 현저하게 악화되었다.

19세기 초기에는 공업지역에서 수천의 유아가 영국병으로 알려진 구루병으로 사망하였는데, 이것은 매연이 태양광선 중 자외선의 대부분을 차단해 유아들이 피부내에서 구루병 방지효과가 있는 비타민 D를 합성하지 못함에 의한 것이다.

대기오염이 건강에 미치는 악영향을 현저하게 나타낸 것은 1952년의 런던스모그 사건이다. 런던스모그 사건은 1952년 12월 5일부터 9일간, 겨울, 이른 아침에 가정난방과 공장, 발전소에서 배출된 황산화물과 매연이 안개 속의 수증기와 결합하여 황산 등의 강산성 물질을 형성하여 피해를 주게 된 것이다. 이 때 대기 중의 아황산가스 농도는 평상시의 5배에 달하는 1.3ppm까지 올라갔으며, 피해로는 1주일간 평상시의 3배에 달하는 4,000명 이상의 사망자를 내었고, 만성적인 호흡기질환과 심장질환을 일으킨 환자가 증가하였다. 특히 사망자는 45세 이상의 고령자와 유아들의 비율이 높았다.

이 사건을 계기로 1953년 정부에 의해 대기오염에 관한 위원회가 구성되었고, 동 위원회의 권고에 의해 1956년 대기청정법을 제정하게 되었다. 이와 같이 영국은 세계DJSM 나라보다도 대기오염 문제를 가장 먼저 경험하였고, 한편 현재도 대기오염 정책을 중요시하고 있는 나라 중 하나이다.

(3) 미국의 대기오염 역사

1912년 미국은 도시의 첫 매연조사를 실시함으로써 대기오염 방지에 착수하였다. 1948년 펜실바니아주의 공업도시 도노라시에서 대기오염 사건이 발생하였다. 도노라시는 분지지대로 아연제련소와 제철공장에서의 아황산가스가 기온역전에 의해 피해를 준 사건으로 인구의 40%가 기침이나 흉부압박감 등의 증상을 나타내었다.

또한 1954년 자동차 배기가스로 인하여 L.A.형 스모그사건이 발생하였는데, L.A.광화학스모그사건은 여름, 주간, 기상상태는 맑은 날씨의 고온건조한 상태에서 발생한 것으로 런던스모그와는 그 양상이 달라 자동차 배기가스가 원인으로 밝혀졌다. L.A.스모그가 일어날 당시의 L.A.시의 자동차 대수는 400만대에 달했고, 피해영향은 눈, 코, 기도 등에의 불쾌한 자극과 가시거리를 악화시키는 것이었다.

미국은 1957년 대기정화법을 제정하였고, 1964년에는 연속측정장치를 설치하여 SOx, NO_2, CO, HC 분진 등 대기오염물질의 농도를 연속적으로 측정하기 시작하였고, 1971년 미국 E.P.A.(Environmental Protection Agency)가 설치되어 본격적으로 대기오염 방지를 위한 행정계획을 수립하게 되었다.

(4) 일본의 대기오염 역사

일본에서는 19세기 후반부터 공업지대와 대도시에서 대기오염 현상이 증가하여 1962년부터 런던 스모그와 같은 안개가 대도시에서 발생하였으며, 동경의 경우에는 심한 스모그현상으로 후지산을 볼 수 있는 기회가 드물게 되었다. 일본의 대형 대기오염 사건은 1955년 욧까이치시 천식사건으로 석유공장에서 배출되는 매연이 원인이 되어, 중증의 호흡기 환자가 한꺼번에 수 백 명씩 발생되어 경련성 호흡곤란이 일어났던 사건이다.

일본은 1960년 대기오염 방지법이 제정되었으며, 1966년부터 대기오염 감시망을 설치하였고, 1970년 환경청을 발족시켰다.

일본에서는 1970년 중반에 동경이나 오사까 등의 대도시에서 광화학스모그에 의한 집단피해가 어린 학생들을 중심으로 발생하였다. 이 사건의 증상은 일반적으로 광화학 대기오염으로 야기되는 갑작스런 징후뿐만 아니라 집단적인 정신작용의 이상현상까지 가져오는 등 여러 가지 의심스런 징후를 보였기 때문에 큰 화제거리가 되었다. 이 사건을 계기로 1973년에 일산화탄소, 탄화수소, 질소산화물에 대한 자동차 배기가스 배출기준이 전반적으로 실시되었고, 1975년에는 승용차에 대한 더욱 강력한 규제가 도입되었다. 특히 질소산화물에 대한 규제는 1976년에 이어 1978, 1979년에 더욱 강화되어 일본은 세계에서 가장 엄격한 자동차 배기가스 규제법을 가지게 되었고, 이 덕분에 일본 사람들은 매연 때문에 볼 수 없었던 후지산을 다시 볼 수 있게 되었다고 한다.

(5) 우리나라의 대기오염 역사

우리나라는 1960년대에 이르러 급속한 공업화와 도시화에 따른 인구의 도시집중, 차량증가 등으로 대도시의 대기오염이 증가하기 시작하였다. 이에 따라 1963년 공해방지법이 공표되었으며, 이어 1971년 1월에 동법의 수정안이 공표되어 7월 22일부터 시행하였다. 뒤이어 1978년 7월 1일자로 시행한 환경보전법으로 대치되었으며, 1980년에 환경청을 발족시켰다. 1980년대의 4차에 걸친 환경보전법의 개정과 더불어 대기환경에 관한 규제도 강화되었으나 대기환경에 관한 법률이 독립적인 법 체계를 가지게 된 것은 1990년 대기환경보전법이 환경정책기본법을 상위법으로 하여 분법화 되면서부터이다.

이와 같이 우리 나라는 다른 나라에 비해 대기오염 규제에 관련된 정책이 뒤늦은 감이 있으며, 결국 그 사이에 울산, 온산 등 공해사건과 현재 서울시의 뿌연 하늘을 담보로 하게 되었다. 1992년, 서울의 경우 10km이하의 가시거리를 기록한 날은 1백 24일로 전체 일수의 3분의 1에 달하고 있다. 서울의 스모그현상은 런던과 L.A.와는 또다른 원인이 있다고 하나 결국 대기오염 물질이 그 원인인 것만은 명확하다. 1994년부터 3년간 국립환경연구원을 중심으로 30여명의 연구진이 참여하여 서울의 시정장해 현상의 원인에 대해 규명한다고 하니 여기에 기대하는 바가 매우 크다.

3) 대기오염의 시대사적 접근

앞에서 각 나라별로 간단한 대기오염 역사를 살펴보았다. 여기서 대기오염 역사의 변천과정을 재정리하고자 하는 것은 대기오염 문제를 단순히 오염피해로 생각하는 차원에서 보다 적극적인 차원의 시각을 정립하는데 그 의의가 있다.

현재 그린라운드(Green round : 환경규제에 의한 새로운 국가간 무역질서의 형성)를 둘러싼 우리나라 경제구조의 재조정 필요성과 지역 내 또는 지구규모의 국가간 환경문제를 둘러싼 갈등과 협조체제에서 환경문제의 변천과정을 이해하지 않고는 이러한 문제들에 대한 능동적으로 적극적인 대처가 불가능한 것이다. 여기서 산업혁명 이후 대기오염의 역사를 편의상 4단계로 나누어 살펴보기로 한다.

· 제1단계 : 공업화에 따른 아황산가스 오염

제1단계는 산업혁명 이후의 급속한 공업화에 따른 산업시설이 대기오염의 주체가 되는 시기이며, 아황산가스가 주된 오염물질로 오염을 악화시키는 지형조건이나 기상조건과 맞물려서 세계 곳곳에서 대형의 대기오염 사건이 발생한 시기이다. 더불어 이 시기는 대기오염에 관한 관심이 높아지고 저유황연료의 사용과 탈황대책 등 황산화물의 저감방안과 기술, 그리고 대기오염에 관한 제도와 법령들이 만들어지게 된 시기이기도 하다.

· 제2단계 : 자동차에 의한 질소산화물 오염

제2단계는 자동차의 급속한 증가와 더불어 자동차의 고온 배기가스에 의해 공기 중의 80%를 차지하고 있는 질소가 산화되어 형성되는 질소산화물과 자동차의 연료 중 탄화수소가 대기 중에서 햇빛에 의해 반응하여 오존이나 기타 산화성 물질들을 생성하는 이른바 광화학 스모그의 시대로 옮겨가게 된다.

제1단계 오염이 공간적으로 고정된 오염원에 의한 것이라면, 제2단계는 공간적으로 이동하며 오염물질을 발생하는 오염원에 의한 것이라 할 수 있다. 또한, 제1단계의 오염 원인이 제품의 생산과정에서 부수적으로 발생한 오염현상인데 반하여, 제2단계의 오염현상은 만들어진 제품의 이용과정에서 발생하는 오염현상이라 할 수 있다.

· 제3단계 : 산성비 등의 오염물질의 월경문제

광화학스모그와 더불어 대기 중에서의 화학반응에 의한 오염현상으로 주목받기 시작한 것이 화학물질의 칵테일이라고 불려지는 산성비이다. 제2단계까지는 수 km 정도의 국지적인 오염현상이었다고 하면, 3단계인 산성비에 대한 연구에는 수십~수백km의 장거리 이동에 대한 이해를 필요로 하게 되었다. 이에 따라 산성비는 환경문제를 둘러싼 국가간의 이해분쟁을 야기시키게 되었으며, 대기오염 문제는 일약 세계적, 지구적인 문제로 등장하게 되었다.

· 제4단계 : 온실효과와 오존층파괴의 지구환경문제

현재 지구환경문제로 거론되고 있는 것으로는 이산화탄소에 의한 온실효과와 프레온가스(CFC)에 의한 오존층파괴가 있다. 이산화탄소는 인체에 무해하며 식물의 광합성에 이용되는 것이고 프레온가스도 인체에 해롭지 않다고 하여 냉매제, 발포제, 세척제로써 각광을 받았던 물질이다. 이와 같이 인간에게는 무해하지만 지구에게는 유해한 것이 제4단계의 대기오염 현상이다. 또한, 한 단계 더 나아가 앞으로의 대기오염 문제는 현재의 환경문제를 해결하고자 하는 데에서 나타나는 대기오염문제-예를 들면 폐기물을 처리하기 위해 만들어진 소각로에서 발생하는 다이옥신에 의한 피해-등을 들 수 있다.

여기에 우리의 환경문제도 경제와 더불어 종속관계로 갈 수 있다는 현실을 생각해야 할 것이다. 즉 우리가 환경보호를 경제성장의 희생양으로 생각했던 사이에 환경산업은 현실의 첨단산업으로 탈바꿈하였으며, 우리는 또 다시 선진국의 환경산업에 대한 종속이라는 새로운 경제틀을 감내하여야만 하는가 하는 기로에 서 있다.

4-1-2. 토양오염

1) 토양오염의 정의

토양은 물, 공기와 함께 가장 기본적인 환경의 구성 요소이다. 이러한 토양은 생물존재의 기반으로서 그리고 물질순환의 매체로서 매우 중요하고 다양한 역할을 수행하고 있다. 토양이 물이나 공기와 크게 다른 점은 유동성이 거의 없다는 것이다. 토양 속으로 유입된 오염물질은 스스로 유동성을 가지지 않는 한 토양 공극 내에 존재하는 토양수나 토양 공기에 의하지 않고는 거의 움직일 수 없는 특징을 가진다. 그 결과 폐기물 등과 같은 오염물질이 토양 내에 묻히게 되면 쉽게 드러나지 않고 마치 청정한 환경인 것 같이 보이게 된다. 그러나, 토양이 일단 유해물질에 의해 오염되면 생물 존재 기반으로서의 본래 기능이 훼손되고, 물질의 이동성이 나빠 장기간에 걸쳐 작물 오염 및 지하수 등의 수 환경 오염을 유발시켜 생태계는 물론 사람의 건강 및 생활환경에 여러 가지 악영향을 끼치게 된다. 즉 토양오염이란 산업과 생산활동에 따라 각종 유해물질이 토양에 주입되어 각종 식물 특히 농산물이 유해한 물질을 흡수함으로서 이것을 섭취하는 인간이나 동물에게 해를 끼치거나 토양의 물리. 화학적 성질을 저해하는 현상을 말한다. 또한 한번 오염된 토양은 그 특성상 자정작용이 어렵고 정화에 많은 시간과 비용이 수반된다는 점이다.

2) 토양오염의 경로 및 원인

대표적인 토양오염 사례는 미시간 피비비 사건, 알라모골드 사건, 타임즈비치 사건, 세베소 사건 등이며 이들은 주로 다음과 같은 경로와 원인으로 인해 발생되고 있다.

① 농약에 의한 오염 농약 : 농작물의 병충해 예방구제에 사용되는 살균제, 살충제, 제초제 등 살균제 : 황산동, 유기 수은제 등 살충제 : 유기염소계 화합물(DDT, BHC, 앨드린, 엔드린 등), 유기인계 농약(파라티온 등) 제초제 : 2.4-D 등

② 생활하수에 의한 오염 세균, 바이러스 등 각종 병원균이 식물성장에 피해

③ 산업폐수에 의한 오염

④ 비료에 의한 오염

⑤ 기타 : 방사성물질에 의한 오염 및 산성비에 의한 오염으로 황산화

물은 토양의 산성화를 초래한다.

3) 토양오염 현황

토양오염의 측정을 위하여 1987년 전국에 총 250개 토양측정지점을 선정하여 조사를 실시하였으며, 1999년말 현재 전국망(국가)과 지역망(지방자치단체)으로 구분하여 총 4,500지점을 운영하고 있다. 그간 측정망운영결과에 의하면 전국의 토양오염실태는 대체로 안전한 수준이나 폐금속광산, 폐기물매립지, 공장 등 산업시설 주변지역의 토양오염도는 일반농경지 등에 비하여 오염도가 높게 나타나고 있다.

4) 토양환경관리 대책

토양은 한번 오염되면 거의 회복이 안되는 특징이 있으므로 오염된 토양에 대한 대책도 중요하지만, 우선 토양오염의 발생을 최소화할 수 있는 예방관리가 중요하다.

토양오염의 발생을 최소화하기 위해서는 농약의 과다 사용을 억제하고, 화학비료 사용을 억제하고 가급적이면 유기질비료의 사용을 권장하고, 산성비료보다는 중성비료의 사용을 증가하여야 하며, 생활하수나 산업폐수가 토양으로 유입되는 것을 방지하여야 하고, 폐기물이나 독성물질이 토양으로 유입되는 것을 방지하여야 한다.

일단 오염된 토양에 대한 대책으로는 다음과 같은 방안이 있다.

가. 토양의 조건에 맞는 식물을 재배한다.

나. 밭을 논으로, 논을 밭으로 일시 전환한다.

다. 토지의 용도를 변경한다.

라. 석회 사용으로 산성화된 토양을 중화시킨다.

마. 객토나 토양개량제 사용으로 중금속 함량을 극소화한다.

바. 토양오염이 극심할 때는 표토를 완전 교체한다.

4-1-3. 수질오염

1) 수 환경의 3대 요소

매체(물)와 이것의 이동통로인 하천, 그리고 거기에 서식하는 동식물(수 생태계)은 하나의 수 환경(水 環境)을 구성한다. 물의 양적·질적 문제는 사람의 생존과 건강에 영향을 미치는 것 외에 수 생태계에도 영향을 미치는 등 수 환경 구성요소간 상호작용을 한다. 따라서 물 관리란 개념은 수 환경 관리란 개념으로 바뀌어야 하며 수 환경의 각 구성요소를 균형있게 관리해야 한다.

2) 수 환경 구성요소별 역할

(1) 물(water)

물은 생물의 생존에 필수요소로서 생물체의 70~80%가 물로 구성되어 있으며, 사람은 물을 마시지 않고 1주일 이상 생존할 수 없다고 한다. 사람은 성인 1인이 1일 2.75리터의 물을 섭취해야 하는데 정상보다 체내에 5% 정도 물이 부족할 경우 혼수상태에 빠지게 되고 12% 정도 부족할 경우에는 사망에 이른다고 한다. 또한 물은 생물체의 생존뿐 아니라 경제활동에도 필수적인 요소다. 농사를 짓기 위해서는 농업용수가 필요하고 공장을 가동하기 위해서는 공업용수가 필요하다.

물은 지구의 대류현상에 의해서 지표의 물(하천, 바다 등)이 증발되어 구름이 형성되고 구름입자가 결합하여 무거워지면 중력에 의해 다시 떨어지는 순환과정을 통해 생성된다.

지구상에는 총 13억8천6백만㎦의 물이 존재한다고 한다. 이중 96.5%는 바닷물이고 담수는 3.5%에 불과하고, 존재형태로 보면 빙하형태가 69.56%, 지하수 30.10%, 기타 하천 및 호수 0.34%로 구성되어 있다고 한다.

(2) 하천(river)

하천은 단순히 물이 흐르는 “물길”이 아니라 수생 동·식물의 서식처이자 육수생태계를 상·하류간 연결해 주는 생태동맥 역할(종적 연결)을 하고 육상생태계와 육수생태계를 횡적으로 연결해주는 역할을 하며, 하천을 관리할 때에는 이러한 점이 반드시 고려되어야 한다.

(3) 수 생태계(aquatic eco-system)

육수생태계는 하천의 자정작용을 돕고, 생물종의 다양성을 유지해주는 중요한 자원이며, 이에 대한 관심과 보호 노력이 강화되어야 한다. 외래어종과 토착어종의 문제, 서식처 파괴, 상하류 이동로 차단, 영양염류 과다유입에 따른 수생태계 변화(호소부영양화) 등 수 환경관리의 정책영역은 보다 포괄적이다.

3) 수 환경의 부가가치

수 환경은 사람의 생존과 경제활동에 필요한 물을 공급해 주는 것 외에도 아름다운 경관을 창출하며, 사람들이 가장 가까이 접할 수 있는 자연환경으로서 사람들에게 쾌적함을 가져다주고, 또한 역사와 문화가 함께 숨쉬는 무한한 가치를 지니고 있다.

(1) 물문제의 특성

물은 공유자원이며 상류에서 하류로 이동하는 이동성자원이고 대류현상에 의해 순환되는 순환자원이다. 이러한 특수성에 기인하여 물 문제가 발생하게 된다.

(2) 공유자원에 기인하는 문제

우선 물은 공유자원으로 특정한 지역이나 개인이 전유할 수 있는 성질의 것이 아니다. 이런 성질 때문에 사람들은 흔히 물을 "주인 없는 자원"으로 생각하는 경향이 있고, 이러한 인식이 팽배해 있는 사회에서는 물을 이용할 때에는 권리를 주장하고 버릴 때에는 책임을 지지 않으려는 경향이 있다.

이러한 인식이 사회적으로 만연되어 있는 한 물 문제는 해결할 수 없다. 따라서 이러한 공유자원을 효율적으로 관리하기 위해서는 물 관리에 관한 기본원칙을 확립하고 정교한 물관리 제도를 정착시키는 것이 물 관리정책의 과제이다.

(3) 이동성자원에 기인하는 문제

물은 상류에서 하류로 흐르는 移動性 共有資源이라는 특수성 때문에 상·하류간 갈등요소가 내재되어 있다. 따라서 물이 부족하거나, 물이 오염되면 상·하류간 갈등이 표출되고 사회문제화 되기 쉬우며, 이러한 특수한 정책환경을 제도적으로 관리할 수 있는 정책을 개발하는 것이 또한 물 관리정책의 과제이다. 즉, 상·하류간의 갈등을 최소화하면서 수자원을 개발하거나 보전할 수 있는 정책을 개발하고 정착시키는 것이 과제이다.

(4) 순환자원에 기인하는 문제

물은 대기와 대지를 순환하는 자원으로 강수현상이 지역적 혹은 계절적으로 편중되는 문제가 발생한다. 이러한 특수성에 기인하여 홍수문제(洪水問題), 한발문제(旱魃問題), 수자원의 배분문제가 정책과제로 대두된다. 댐을 건설하여 홍수를 막고 가뭄시기에 물을 공급하는 일은 우리 나라와 물 관리정책에 있어서 매우 중요한 기능을 한다.

(5) 사회경제환경에 기인하는 문제

물은 생활과 산업 등 제 분야의 필수적 요소이기 때문에 인구가 늘어나고 산업이 팽창되는 만큼 물의 수요도 늘어나고 물 오염요인도 함께 늘어나게 되므로 필연적으로 물 수급문제와 수질개선문제가 중요한 정책과제로 대두된다.

4) 우리 나라 수 환경관리 여건

(1) 물(수자원)

좁은 국토에 많은 인구가 살다 보니 물도 많이 필요하게 되지만 물은 부족하고 환경용량도 작아 수질오염에 취약하다. 우리나라 연평균 강수량은 1,274㎜로 세계평균 970㎜의 1.3배이나 연간 1인당 강수량은 약 3,000톤으로써 세계평균의 1/11에 불과하다. 그나마 강수량의 ⅔가 여름 장마철 때 일시에 바다로 쓸려 내려가 이용할 수 있는 물은 매우 제한되어 있다. 이렇다 보니 평상시 하천에 흐르는 물이 적고 이는 곧 하천의 환경용량이 적다는 의미가 된다. 이렇게 적은 환경용량을 가진 국토에 세계 3위의 인구밀도를 갖고 있으니 우리 나라의 물 관리정책은 세계적으로도 손꼽힐 정도로 어려운 조건을 갖고 있다.

연간 수자원총량은 1,267억 톤으로 이중 45%인 570억 톤은 증발 및 침투로 손실되고 31%인 396억 톤이 홍수 시 바다로 유실되어 301억 톤만 이용되고 있는 실정이다.

(2) 수자원 이용실태

① 하천

우리나라는 3,960여 개의 중소하천을 가지고 있다. 또한 18,800여 개의 호소가 형성되어 있으나 자연호는 5개소에 불과하고 나머지는 댐, 하구언, 저수지 등 인공구조물에 의해 형성된 호소이다.

동고서저형의 지형을 갖고 있어 대부분 하천이 동서방향 또는 남북방향으로 발달되어 있다. 산악지형이 발달되어 있어 경사가 급하고 이로 인해 비가 오면 하천의 물이 급격히 증가하고 또한 급격히 줄어드는 불리한 여건을 가지고 있다.

(3) 수 환경관리 기능분담체계

우리나라는 1960년대 근대화과정을 거치면서 물 관리역사가 본격 시작되었다. 우선 경제건설을 위해 산업화가 필요하였고 필연적으로 수자원개발정책이 병행되었다. 따라서 수자원개발, 하천관리기능이 먼저 발달되었고 수질보전, 수 생태계 관리문제는 사실상 1980년대 이후에 출발하였다고 볼 수 있다. 이러한 시간적 편차 때문에 물 관리기능 및 법제는 매우 다원화되어 있다.

수 환경 구성요소별로 보면 물이란 매체에 대해서는 수량관리기능은 건설교통부가, 수질관리기능은 환경부가 담당하고 있으며, 하천관리는 건설교통부가, 수 생태계 관리는 환경부가 담당하고 있다고 볼 수 있다.

(4) 수질오염의 정의

수질오염이란 산업과 생산활동, 혹은 자연 재해에 따라 인체에 유해한 물질이 물로 흘러 들어가 수질이 저해되는 현상을 총칭한다.

(5) 수질오염의 실태 및 경로, 원인

80년대 이후 빠르게 진행된 공업화, 도시화의 영향으로 산업폐수 발생량이 지난 15년간 4.5배가 증가하고 농약사용량은 지난 20년 간 3.5배가 늘어나는 등 오염물질 발생량이 크게 늘고 있다. 오염물질의 급증은 특히 수질오염을 심화시켜 4대강의 오염도가 이미 기준치를 초과했으며 적조발생 건수와 피해액도 계속 증가하고 있는 것으로 나타났다. 이와 같은 사실은 통계청이 OECD(경제협력개발기구) 가입을 계기로 우리나라의 각종 환경통계를 인간 활동-환경영향에 대한 반응」이라는 유엔 및 OECD의 작성체계에 맞춰 최초로 편제한 한국의 환경통계 평가보고서」에서 밝혀졌다.

보고서에 따르면 총 폐수 발생량은 지난 80년 하루 8백79만4천 톤에서 94년에는 2천2백6만8천 톤으로 2.5배 증가했고 이 가운데서도 산업 폐수 발생량은 지난 1980년 하루 1백96만2천 톤에서 1995년에는 8백74만1천 톤으로 무려 4.5배가 늘어난 것으로 나타났다. 또 폐기물 배출량도 1985년 하루 9만8백67톤에서 1994년에는 14만7천49톤으로 1.6배 증가했다.

전문가들은 오는 2001년부터 우리나라가 매우 심각한 물 부족 사태에 직면하게 될 것이라고 경고하고 있다. 우리나라에 내리는 비의 양은 연평균 1,274mm로 세계 평균 750mm보다 훨씬 많지만 이를 인구수로 나누면 국민 1인당 쓸 수 있는 몫은 턱없이 부족하다. 인구과밀로 1인당 강수량은 세계평균의 11분의 1수준에 불과한 형편인 것이다. 그런데도 우리의 물 소비는 '물 쓰듯' 한다. 가정에서 뿐만이 아니라 관리 소홀로 엄청난 물이 땅으로 스며들고 있다. 지난 2월11일 전남 나주시에 따르면 2000년에 들어 관내 8만7천여 가구에 공급되는 1만1천여톤의 수돗물 중 6천9백30톤인 63%가 수요자까지 공급되지 않고 땅속으로 새고 있다는 것이다. 이로 인한 재정손실만도 24억 원이나 된다고 한다.

4-1-4. 해양오염

해양 생태계는 기본적으로 연안지역과 외양으로 구분되어 오염의 형태도 2가지의 생태계로 다르다.

1) 연안역의 오염

(1) 특징

연안역은 해양 총면적의 10%에 불과하나 생물생산력이 높고 광범위한 경제활동을 지배하는 장으로서 인간의 활동에 있어서는 매우 중요한 장이다. 하천을 통해서 공급되는 풍부한 부 영양염류가 연안역의 높은 생물생산을 지배하고 있다. 해면어업의 대상으로 되는 종의 60~80%가 생활사의 전체 혹은 일부를 하구역 생태계에서 지낸다. 또한 높은 어업생산, 이수 및 친수 등 옛부터 인구가 연안역에 집중하고 세계의 10대 도시 중 7개가 하구역에 위치하고 있다. 인구의 집중은 영양염류의 공급을 가속하고 그것이 또한 어업생산에 공헌해 왔던 시대도 있다.

(2) 부영양화, 적조 및 청조

과다한 인구집중은 과도한 영양염류의 공급을 초래하여 식물 프랑크톤의 증식을 극대화 시킨다. 이것이 적조이다. 급격하게 많이 증식된 식물 프랑크톤은 해저에 머무르고 그곳에서 분해과정을 거치면서 산소를 소비하여 심층수를 산소 부족한 상태로 만들어 어류들의 생존을 위협한다. 또한 이와 같은 산소가 부족한 수괴가 바람 등의 수리학적인 요인에 의해 해면으로 상승해 온 것이 청조이다. 저 산소상태로 황산염이 환원되어 발생한 유황에 의해 해수가 파랗게 보인다.

적조의 기본적인 원인은 영양염류의 과다한 공급에 있다. 통상 하수처리에 의한 인이나 질소 제거율은 낮다. 처리방법을 고도로 하여 제거효율을 높이는 것은 기술적으로는 가능하나 막대한 비용이 든다. 집수역의 과다한 인구 집중을 억제하는 것이 연안역의 부영양화의 근본적인 해결책이다. 또한 연안역의 생태계에서는 생물의 퇴적, 탈질 등의 형태로 영양염류을 수중으로부터 제거하는 기능이 있다. 친수의 기능과 함께 이와 같은 영양염류의 제거기능을 갖는 자연의 생태계는 연안역의 개발에 의해 감소되고 있다. 연안역의 생태계를 보전하는 것과 그들 생태계의 구조에 대해 이해하고 기능을 효과적으로 발휘시키는 것도 연안역의 부영양화를 절감시키는 중요한 사항이다.

(3) 유해물질에 의한 오염

유해한 인공유기물질(유기 염소계 화합물, 다환식 방향족 탄화수소 등), 중금속에 의한 물, 갯벌 혹은 생물의 오염이 보고되고 있는 연안지역이 이에 해당된다.

이들의 오염물질의 발생원은 각양각색이다. 가정, 공업용수는 하천을 통해 최종적으로는 하구역에 운반된다. 하수처리나 하수처리에 의해 발생한 오니도 연안에 방출, 폐기된다. 도시의 지표 특히 도로상에는 자동차 등에 의한 오염물질이 다량 존재하나 그들도 강우에 의해 씻겨져 연안역에 도달된다. 농지에 살포된 농약의 일부도 동일하게 씻겨 내려간다. 물론 연안역에는 각종 공장이 존재하고 배수는 직접 연안에 유입되기도 한다. 유조선 등의 해상교통, 게다가 그들의 사고에 의해서도 유해물질은 연안에 부하된다. 이들 연안역에 방출된 유해오염물질은 그곳에 살고 있는 생물에 직접적인 피해를 준다. 또한 유해물질의 대부분은 식물연쇄를 통해 농축되어 고차원의 생물(사람을 포함)에 축적되며 간접적으로도 피해를 준다.

유해물질에 의한 이제까지의 오염사례로부터 얻은 교훈은 피해에 대한 대책강구가 늦어진 것이라는 것이다. 연안역에서 계속된 고감도의 모니터링이 불가결하다. 특히 연안역 입구에서 절실하다. 즉, 하천수, 하수처리수, 표면 유출수 등의 공급원 중에 존재하는 오염물질의 질과 양을 파악하는 것이 중요하다.

유해물질이 다수 존재하고 게다가 그 수가 매년 증가해 가고 있는 실정이다. 미국의 환경 보전국에서는 독성이 강한 것을 중심으로 129종의 화합물을 선발하여 그것에 대한 모니터링을 강화하고 있다. 그러나 독성뿐만 아니라 환경 중에서의 화학물질의 움직임에 영향을 미치는 성질도 기본적으로 모니터링하는 화합물을 선발할 필요가 있다고 생각된다. 환경 중에서 화학물질의 움직임은 환경에서의 발생원과 방출, 화합물의 성질(수용성, 휘발성, 분해성 등)에 지배를 받고 있다.

4-1-5. 폐기물 오염

1) 폐기물의 정의

일반적으로 폐기물은 일반폐기물과 유해폐기물로 분류할 수 있다. 우리나라의 경우 종전에는 폐기물의 유해성을 기준으로 일반폐기물과 특정폐기물로 분류하여 관리하여 왔으나 개정 폐기물관리법(1995.12.29, 법률 제5111호)에서는 이를 생활폐기물과 사업장폐기물로 대분류하여 발생원별 관리에 효율을 기하고자 하였다.

“생활폐기물”이라 함은 사업장 폐기물 외의 폐기물을 말하며, “사업장폐기물”은 공업배치 및 공장설립에 관한 법률 제2조제1호의 규정에 의한 공장으로서 대기환경보전법 · 수질환경보전법 또는 소음 · 진동규제법의 규정에 의하여 배출시설을 설치 · 운영하는 사업장, 그 외에 지정폐기물을 배출하는 사업장, 폐기물을 1일 평균 300㎏ 이상 배출하는 일련의 공사작업등으로 인하여 폐기물을 5톤 이상 배출하는 사업장에서 발생하는 폐기물을 말한다. 여기에서 “지정폐기물”이라 함은 사업장폐기물 중 폐유 · 폐산 등 주변환경을 오염시킬 수 있는 유해한 물질로서 대통령령이 정하는 폐기물을 말한다. 대표적인 지정폐기물로서는 폐산, 폐알칼리, 폐유기용제, 폐합성고분자화합물, 폐석면, 광재, 분진, 폐주물사, 소각잔재물, 고화처리물, 폐촉매, 폐흡착제, 폐농약, PCB 함유폐기물 등이 있다.

과학적이고 합리적인 폐기물정책 수립을 위하여 1996년 처음으로 폐기물센서스사업을 실시하였다. 1995년 기본설계를 마치고 1996년 4월부터 1997년 8월까지 전국 1만 가구를 대상으로 실제로 실시한 폐기물 센서의 결과, 지역별, 종류별, 성상별로 보다 정확한 폐기물통계자료를 얻게 되었으며, 앞으로 5년 주기로 지속 조사하게 됨으로써 폐기물처리시설 설치의 적정화와 효율화를 이루는 계기가 되었다.

아울러, 폐기물관련법령도 계속적으로 보완하여 1999년도에는 폐기물관리법에 폐기물의 처리 증명제 및 폐기물처리업자의 방치 폐기물 처리 이행 보증제 등 폐기물의 적정처리를 위한 굵직한 제도를 새로이 도입함과 동시에 폐기물처리업자의 준수사항을 신설하고 폐기물의 수집·운반·보관 및 처리기준을 강화하였다.

이외에도 자원의 절약과 재활용 촉진에 관한 법률에서는 매년 97만점이 발생하는 폐가구류에 의한 매립지난 등 환경오염을 예방하고 목재수입을 절감하기 위하여 신축되는 공동주택에 붙박이장 등 수납공간의 설치 권장제가 신설되었고, 폐기물처리시설설치촉진및주변지역지원등에관한법률에서는 주민지원기금 조성의 범위에 포함되도록 함과 동시에 수도권매립지관리공사설립및운영등에관한법률을 제정하여 김포 쓰레기 매립지를 효율적으로 운용할 수 있는 제도적 근거를 마련하였다.

2) 폐기물관리법제의 발전과정

우리나라의 폐기물관리법제는 「2원화」 → 「1원화」 → 「세분화」의 단계를 밟아 왔다. 폐기물문제가 심각하지 않았던 1980년대 중반 이전에는 생활폐기물은 「오물청소법」, 사업장폐기물은 「환경보전법」에 의하여 2원적으로 관리되었다. 그러나 1986년 「폐기물관리법」이 제정되면서 관리체계가 통합되어 일원화된 이후에 「폐기물관리법」이 다시 재활용 활성화 및 폐기물처리시설 설치 촉진을 위하여 분법화됨에 따라 법률체계가 세분화 · 전문화되었다.

(1) 오물 청소법 시대(1961~1977)

60~70년대는 청소개념에 기초한 「오물 청소법」(1961) 시대로서 주로 도시지역에서 발생하는 쓰레기 및 분뇨처리를 대상으로 다루었다. 오물 청소법은 청소지역을 특별청소지역과 계절적 청소지역으로 구분하고 청소지역, 하수도, 하천 및 해역 등에 오물투기를 금지하였다.

(2) 환경보전법 시대(1978~1986)

1970년대 말에 들어 환경문제가 점차 사회적 관심사로 확산되면서 환경법의 제정과 중앙부처 단위의 환경조직이 거론되어 1978년 「환경보전법」이 제정되고, 1980년에 환경청이 발족되었다. 이는 환경문제에 대한 대처가 "소극적 · 방어적 개념"에서 "적극적 · 보전적 개념"으로 전환한 것을 의미한다. 또한 농촌 폐비닐이 사회적 문제로 대두되면서 「합성수지폐기물관리사업법」이 제정되었고, 이를 집행하기 위하여 한국자원재생공사를 설립하였다. 그러나 폐기물관리는 "처리"에 중점을 두어 생활폐기물은 여전히 오물 청소법에 의하여 관리되고, 산업폐기물만 새로 제정된 환경보전법에 의하여 관리되었다.

(3) 폐기물관리법 시대(1986~1992)

1986년 당시 환경청은 폐기물관리체계의 일원화를 위하여 오물청소법과 환경보전법의 폐기물(분뇨 · 쓰레기 · 산업폐기물) 관련 규정을 통합하여 「폐기물관리법」을 제정하였다. 제정된 폐기물관리법은 '재활용' 개념을 도입한 것이 큰 특징이었다. 1991년에는 폐기물관리법을 개정하여 「일반폐기물」과 「산업폐기물」로 구분하던 폐기물의 분류체계를 국민건강에 대한 위해 정도를 기준으로 「일반폐기물」과 「특정폐기물」로 구분하고, 특정

폐기물은 국가, 일반폐기물은 지방자치단체에 처리책임을 부과하였다. 종래 폐기물관리법의 적용대상인 분뇨 등은 1991년 「오수·분뇨 및 축산폐수의 처리에 관한 법률」이 제정되면서 수질관리 측면에서 다루어지게 되었다.

(4) 분법화 시대(1993~현재)

1992년 폐기물관리법에서 「자원의 절약과 재활용 촉진에 관한 법률」을, 1995년에는 「폐기물 처리시설 설치촉진 및 주변지역지원 등에 관한 법률」을 분법·정비하였다. 또한 1994년 우리 나라가 바젤협약에 가입하면서 바젤협약의 국내이행을 위해 「폐기물의 국가간 이동 및 그 처리에 관한 법률」을 제정하였다.

4-1-6. 기타 오염문제

앞에서 설명한 대기오염, 수질오염, 토양오염 이외에도 인류의 생활, 또는 동물의 생산성에 영향을 미치는 많은 오염이 있다. 눈에 보이지 않는 오염으로 소음, 진동, 악취 등이 있고, 각종 폐기물, 방사선에 의한 오염, 해양오염 등이 있다.

본 장에서는 눈에 보이지 않는 오염인 소음, 진동, 악취 등에 대해 간단히 검토한다.

1) 소음

소음이란 한마디로 듣기 싫은 소리로 정의할 수 있지만 주관적인 요소가 많이 가미되어 있다. 소음은 공기를 매개체로 하여 전달된다. 소음의 강도는 데시벨(dB, decibel)이라는 단위로 표현한다. 데시벨 단위는 일정한 기준음에 대한 비율을 대수값으로 나타낸 것으로서 원래의 단위인 벨(bell)에다 10배를 곱하여 데시벨로 나타낸 것으로서 다음 식으로 표현된다.

$$dB = 10 \log \frac{X1}{X2}$$

즉, X1과 X2 두개의 양을 비교한 값이다. 주간에 우리가 통상 허용할 수 있는 소음수준은 10dB 이하이고, 야간에는 이 보다 20~30dB 이상 낮아야 한다.

표 5은 인간에 대한 소음의 영향을 요약한 것으로 소음의 영향을 한마디로 요약하면 전반적인 생산력의 저하이다. 소음은 동물의 생산력에도 영향을 줄 수 있다. 예를 들면 포유동물은 소음때문에 놀라면 유산을 하거나, 젖의 분비가 감소되고, 알을 품고 있는 조류는 소음에 노출되면 알 품기를 중단하므로 생산능력이 저하된다.

표 5. 소음의 영향

소음의 영향	비고
정서 장해	불쾌감과 짜증을 일으킨다. 이것은 소음의 강도가 높을수록, 그리고 강도가 변하는 소음일수록 불쾌감을 증폭시킨다.
수면 장해	소음의 강도가 35dB인 경우보다 잠들기까지의 시간이 약 20% 가량 늦어진다. 55dB인 경우는 30dB인 경우보다 잠들기까지의 시간이 2배 늦어지고 잠이 깨는 시간은 60% 정도 빨라진다.
회화 방해 및 공부 방해	소음의 강도가 45dB인 때의 청취 명료도는 약 80m이고, 통상적인 대화를 할 수 있는 거리는 약 4m가 된다. 소음은 또한 학교 등에서의 수업을 방해하며, 학교에서의 외부소음 허용치는 50dB 정도이다.
작업능률의 저하 및 청력장애	소음에 의해 주의 ·집중력이 떨어지고 작업능률이 떨어지며, 100 dB이 넘는 강력한 소음에 노출되면 일시적 난청이 된다. 또한 이러한 소음에 장기간 노출되면 영구적 난청이 되어 청력을 잃게 된다.

2) 진동

진동이란 물체의 전후 운동이라 정의한다. 진동의 발생원은 교통, 항공기, 건설작업, 공장 등으로 소음과 같지만 진동은 주로 지반을 통해 전달되고, 생체에 작용하는 방식에 따라 전신진동과 국소진동으로 구분한다.

진동의 크기는 진동 가속도 레벨(VAL)과 진동레벨(dV)이라는 단위로 모두 데시벨로 표현한다. 우리나라의 진동배출 환경기준은 60데시벨 이하로 규정하고 있다.

진동의 영향은 주파수에 따라 다르게 나타나는 특징이 있으며, 요약하면 표 6과 같다.

표 6. 진동의 영향

호흡기계	호흡량 및 호흡수 증가
순환기계	혈압 상승, 말초혈관 수축, 심장 박동수 증가
신경계	교감신경 흥분 유발, 뇌파 발생
대사계	에너지 대사율의 증가, 호산성 적혈구 증가 또는 감소, 헤모글로빈 농도 증가

3) 악취

악취는 불쾌한 냄새라고 정의할 수 있다. 악취의 발생원은 금속제품 제조업, 합성수지 제조업, 고무, 피혁 가공업, 음·식료품 제조업, 축산시설 등이 있다.

악취 발생물질의 성분은 표 7과 같다. 우리 주변의 대부분의 악취는 이러한 물질들의 복합적인 냄새를 불쾌하게 느끼는 것이다.

악취의 측정은 아직 객관적인 단위가 개발되지 않았으므로 사람의 코로 냄새를 판단하는 관능법을 사용하고 있다.

악취의 영향은 물리적인 피해보다는 정신적인 스트레스가 중요시된다. 악취는 식욕 감퇴, 호흡 곤란, 멀미나 구토를 일으키고 정신적인 혼란을 초래한다. 극단적인 경우에는 사회적 · 경제적 활동을 억제시키기도 한다.

표 7. 악취 발생물질의 성분

분류	악취 물질명	냄새의 성질
황 화 합 물	메틸메르캅탄 에틸메르캅탄 디메틸 설파이드 디에틸 설파이드 황화수소	썩은 양파 냄새 썩은 양배추 냄새 썩은 양배추 냄새 마늘 냄새 썩은 달걀 냄새
질 소 화 합 물	메틸아민 에틸아민 트리메틸아민 암모니아	생선 냄새 암모니아 비슷한 냄새 썩은 물고기 냄새 자극취
탄 화 수 소	부틸렌	올레핀 냄새
지 방 족 화 합 물	낙산 아세톤 아크릴알데하이드	땀 냄새 땀 냄새 자 극취

4-1-7. 환경호르몬

1) 환경호르몬(내분비교란물질 혹은 내분비계 장애물질)

환경 호르몬(내분비교란물질, homeostasis)이란 내분비계의 정상적인 기능을 방해하는 화학물질로서 환경 중 배출된 화학물질이 체내에 유입되어 마치 호르몬처럼 작용한다고 하여 환경호르몬으로 부른다. 즉, 인간을 포함한 생물체의 내분비계 장애물질로 알려진 물질의 대부분은 산업용 화학물질이 차지하고 있으며, 그밖에 에스트로젠 기능약물, 식물에서 생산되는 식물성 에스트로젠 등이 포함된다. 이들 내분비계 장애물질은 생태계 및 인간의 생식기능저하, 기형, 성장장애, 암 등을 유발하는 물질로 추정되고 있으며 생태계 및 인간의 호르몬계에 영향을 미쳐 전 세계적으로 생물 종에 위협이 될 수 있다는 경각심을 일으켜 오존층 파괴, 지구온난화 문제와 함께 세계 3대 환경문제로 등장하였다.

2) 내분 비교란물질의 성질

내분비계 장애물질은 일반적으로 합성화학물질로서 물질의 종류에 따라 저해호르몬의 종류 및 저해방법이 각각 다르다. 그러나 수많은 화학물질 중 명확하게 내분비계 장애물질로 밝혀진 것은 극히 일부분이며, 대부분의 물질이 잠재적 위험성이 있는 것으로만 알려져 있다.

생체 내에 합성되는 호르몬과 비교하여 내분비계 장애물질의 특성은 다음과 같다.

① 생체호르몬과는 달리 쉽게 분해되지 않고 안정적이다.

② 환경과 생체 내에 존재하여 심지어 수년간 지속되기도 한다.

③ 인체 등 생물체의 지방 및 조직에 농축되는 성질이 있다.

3) 환경 호르몬의 발생 경로 및 원인

(1) 내분비계 장애를 유발할 수 있는 물질

현재 내분비계 장애를 일으킬 수 있다고 추정되는 물질로는 각종 산업용 화학물질(원료물질), 살충제 및 제초제 등의 농약류, 유기중금속류, 소각장의 다이옥신류, 식물에 존재하는 식물성 에스트로젠(phytoestrogen) 등의 호르몬 유사물질, DES(diethylstilbestrol)과 같은 의약품으로 사용되는 합성 에스트로젠류 및 기타 식품, 식품첨가물 등을 들 수 있다.

현재 세계생태보전기금(WWF, World Wildlife Fund) 목록에는 67종의 화학물질이 등재되어 있으며, 일본 후생성에서는 산업용화학물질, 의약품, 식품첨가물 등의 142종의 물질을 내분비계장애물질로 분류하고 있다.

내분비계 장애와 관련해 연구결과 및 그 사례가 보고된 대표적 물질로는 식품이나 음료수 캔의 코팅물질 등에 사용되는 비스페놀A와 과거 농약이나 변압기절연유로 사용되었으나 현재 사용이 금지된 DDT와 PCB, 소각장에 주로 발생되는 다이옥신류, 합성세제원료인 알킬페놀, 플라스틱 가소제로 이용되는 프탈레이트 에스테르 및 그밖에 스티로폴의 성분인 스티렌다량체 등이 내분비계장애물질로 의심을 받고 있다.

4) 환경 호르몬이 주는 피해

(1) 내분비계 장애 기전

호르몬이 체내에서 작용하기 위해서는 보통 합성, 방출, 목적장기의 세포로의 수송, 수용체결합, 신호전달, 유전적 발현 활성화 등의 일련의 과정을 거쳐 이루어진다. 내분비계 장애물질은 이러한 과정중의 어느 단계를 저해 또는 교란함으로써 장애를 나타낼 수 있다.

호르몬은 크게 스테로이드 호르몬, 단백질 호르몬의 두 가지의 그룹으로 나뉘는데 이들의 작용기전은 상이하다. 크기가 작은 스테로이드호르몬은 직접 세포 내로 들어가 수용체와 결합하여 작용을 나타내며, 수용성인 단백질호르몬은 세포막의 수용체와 결합하여 신호를 2차 메신저에 전달함으로써 작용을 나타낸다.

현재 내분비계 장애물질의 작용기전을 밝혀내기 위한 연구가 미국, 일본, 유럽 등 각국에서 수행되고 있는데, 지금까지 알려진 수용체 결합과정에서의 내분비계 장애물질의 작용은 호르몬 유사(mimics), 호르몬 봉쇄(blocking), 촉발(trigger)작용 등으로 나뉠 수 있다.

호르몬 유사작용이란 호르몬수용체와 결합하여 내분비계 장애물질이 마치 정상호르몬과 유사하게 작용하는 것으로서 대표적인 예가 합성 에스트로젠인 DES(diethylstilbestrol)이다. 이러한 유사물질은 정상호르몬보다 강하거나 약한 신호를 전달함으로써 내분비계의 교란작용을 유발할 수 있다.

호르몬 봉쇄작용이란 호르몬 수용체 결합부위를 봉쇄함으로써 정상호르몬이 수용체에 접근하는 것을 막아 내분비계가 기능을 발휘하지 못하도록 하는 것이다. 대표적인 예로서 DDE(DDT의 분해산물)의 경우 정소의 안드로젠 호르몬의 기능을 봉쇄하는 것으로 보고되고 있다.

촉발작용은 내분비계 장애물질이 수용체와 반응함으로써 정상적인 호르몬작용에서는 나타나지 않는 생체 내에 해로운 엉뚱한 대사작용을 유발하는 것이다. 이러한 영향으로는 암과 같은 비정상적 생장, 대사작용의 이상, 불필요하거나 해로운 물질의 합성 등을 들 수 있다. 다이옥신 또는 다이옥신 유사물질 등은 이와 같은 작용기전으로 영향을 나타낼 수 있는 것으로 보고되고 있다.

4-2 환경 오염의 영향

4-2-1. 지구의 온난화

1) 지구 온난화의 원인

지구의 지표면 및 대기의 온도는 태양으로부터 유입된 일사에 의한 에너지와 지구자체가 우주공간을 향해 방출한 열 발산과의 균형에 의해 결정된다.

지구에 도달한 태양광선은 최종적으로 적외선으로 우주로 방사된다. 그러나 적외선의 일부는 대기의 이산화탄소나 수증기 등에 흡수되어 재 방출된다. 이때 재 방출된 에너지의 일부가 지표면에 되돌아와 육지나 해양 주변 대기의 온도를 상승시킨다. 이로 인해 지표의 평균온도는 15℃를 유지하게 된다. 대기의 CO_2나 H_2O 등에 의한 이와 같은 보온작용을 온실효과(greenhouse effect)라 부른다. 지표의 온도는 만일 대기에 CO_2나 H_2O 등이 없다면 -19℃ 이하로 떨어지게 될 것이며, 이 온도는 약 5㎞ 상공의 평균기온에 해당된다.

지표의 평균기온은 거의 일정하게 유지되어 있어 조그마한 온도변화에도 생물권에 큰 영향을 미치게 된다. 예를 들면 1400년경부터 1850년 사이에 유럽에는 소 빙하기로 알려져 있는데, 이 기간에 지표의 평균기온은 약 1℃씩 낮아지고 있었다. 반대로 온도가 약간씩만 증가해도 극지의 얼음이 녹아 해면을 상승시켜 육지를 수몰하게 될 수도 있다. 또한 기후가 급변하면 세계의 주요 곡창지대를 파괴할 수도 있게 된다.

사람의 산업활동은 지표의 평균기온의 자연순환을 벗어아게 할 수 도 있다. 예를 들면, 화석연료의 연소에 의해 증가되는 CO_2로 인해 온실효과가 나타날 수 있다. 또한 온실효과는 기타 가스에 의해서도 영향을 받게 된다. 따라서 산업활동에 의한 이들 가스 농도도 고려해 보면 예측되는 온도상승은 무엇보다도 크리라 생각된다. 특히 $CFCl_3$나 CF_2Cl_2 등의 분자식을 갖는 프론(chlorofluorocarbon)은 냉매나 스프레이 분사제 등에 폭넓게 사용되고 있는 대개 안정된 인공화학물질이고 한 개 분자 당 온실효과는 CO_2의 약 1만 배 이상이다. 이 때문에 프레온 가스의 대기 중 농도에 관계없이 지구온난화의 기여도가 이산화탄소 다음으로 높다.

2) 온실효과 가스

지표면으로부터 방사된 적외선을 흡수한 온실효과가스로서 이산화탄소, 수증기, 메탄, 아산화질소(N_2O), CFC, 대류권의 오존 등에 해당된다.

대기 중의 CO_2 농도는 18세기 경 산업혁명으로부터 증가의 경향을 나타내고 있고 농도의 증가가 시작하는 시점에 있어서는 약 280ppm이었으나 그 후 서서히 증가하여 1980년대 후반에는 350ppm에 달한다. 이러한 증가 경향은 점차 가속되고 있어 최근에는 연간 약 1.4 pm 씩, 증가율은 연간 약 0.4%의 비율로 증가하고 있다. 또한 대기 중의 이산화탄소 농도는 명백한 계절변화가 있는데, 4~5월에 최대치를 나타내고 8~9월에 최소값을 나타낸다. 이러한 현상에는 여러 가지 요인이 관여하고 있으나, 동시에 북반구 중위도 지방에 있어서 식물활동에 계절변화가 반영되고 있다고 생각된다.

CO_2 이외의 온실효과 가스도 해마다 증가하는 경향을 나타내고 있다. 그 중에서도 특히 CH_4는 주목되고 있는데, CO_2 농도의 연 증가율이 0.4%인 것에 대해 CH_4 에서는 1%에 달한다. 각각 기체성분의 증가에 의한 온실효과가 동량(분자수)의 CO_2 증가에 의한 온실효과 가 몇 배에 달하는

가를 지구온난화 포텐샬이라고 부르나 그 수치는 CH_4에서 약 21배, N_2O에서 약 206배, 게다가 CFC에서는 1만 수 천 배가 된다. 이 때문에 CO_2에 비해 양적으로는 적은 온실효과가스에 관해서도 지구온난화의 촉진요인으로서 결코 무시할 수 없다.

3) 온실효과에 의한 기온의 상승

실제로 1880년경부터 현재까지 지구의 평균기온은 약 0.5℃ 상승하고 있다. 미국의 과학아카데미 평가위원회는 대기 중의 CO_2 농도가 현재의 2배에 달하는 경우에 지구전체의 평균 지표기온이 3.0±1.5℃ 상승한다고 보고하고 있다. 최근에는 온난화에 의한 온도상승의 정도를 비교적 크게 보는 경향이 있어 국제학술연합(ICSU)의 환경문제 과학위원회(SCOPE)는 1985년에 CO_2 농도가 배로 증가함에 따라 3.0±1.5℃ 상승함을 예측하고 있다.

한편 기후변동에 관한 정부간 패널(IPCC)의 보고에 의하면 지구의 평균기온은 산업혁명 이전에 비해 2020년까지 1.3~2.5℃(약 1.8℃) 상승하고 2070년까지는 2.4~5.1℃(약 3.5℃) 상승한다고 예측하고 있다.

4) 지구 온난화에 의한 영향

지구 온난화에 의해 세계각지에서 다양한 영향이 나타날 가능성이 지적되고 있다. 기온상승의 정도는 위에 따라 다르지만 그 중에서도 북반구의 고위도 지방에 있어서 온도상승이 가장 극심하다고 알려져 있다. 농업승이 가장 극기온 상승에 의해 작물의 수량이 증가될 수 있다고 알려져 있으나, 고온장애나 병충이으나, 등의 작물생산에 악영향도 예상되고 있다. 또한 온난화, 진행되면 각지에서 한발이 발생하고 세계 곡창지대에 있어서 농업생산에 여러 가지 악영향을 미치고 있다. 게다가 지구온난화와 함께 해수위의 상승도 큰 문제로 되고 있다. 지구 평균 기온이 1.3~3.5℃

상승할 때 해수의 팽창과 극지방의 얼음의 융해 등에 의해 해수면이 20~110㎝ 상승한다고 예측되고 있다.

5) 지구 온난화에 대한 대책

지구 온난화의 예측과 방지대책에 대해 처음으로 검토를 시작한 것은 이탈리아의 베라지오 회의(1987년)이다. 그 후 각국의 정부나 국제기관이 주최한 회의가 개최되고 있다. 예를 들면 토론트 회의(1988년)에서는 선진국에서 2005년까지 CO_2의 배출량을 현재보다 20%씩 삭감할 것을 제안하였다. 1989년 이후 지구 온난화에 대한 대책의 검토가 계속 진행되고 지구대기에 관한 수뇌회담(바그다드 회담, 1989년)에서는 온난화에 관한 조약제정 등을 포함한 바그 선언이 채택되었다. 게다가 1990년에 런던에서 개최된 IPCC에서는 지구온난화를 엄격하게 경고하는 성명이 발표되어 온난화에 영향을 가장 크게 주는 CO_2는 현재의 70%, CFC는 70~75%, N_2O는 70~80%로 대폭적으로 삭감할 것을 결의하였다.

4-2-2. 오존층의 파괴

1) 오존층

성층권의 하층부에 O_3 농도가 높은 대기의 층을 오존층이라 부르며, 이들 오존층은 지표로부터 10~50㎞ 정도의 높이로서 25㎞ 부근에서 가장 O_3의 농도가 높다. 오존층부근에서는 태양광의 자외선에 의해 대기 중의 산소분자 O_2가 분해되어 생성한 산소원자 O와 O_2가 반응해서 O_3이 생성된다. 그러나 O_3은 불안정하여 여러 가지 물리화학반응에 의해 분해되어 O_2로 되돌아간다. 이와 같은 분해와 생성의 균형에 의해 오존층이 유지되고 있다.

오존은 태양으로부터 지구에 도달한 전자파 중 생물에 유해한 B 영역 자외선(UV-B, 파장 280~320㎚)을 흡수한다. 오존층이 존재하지 않으면 육상생물은 생존할 수가 없다. 또한 대기 중의 O_3양이 10% 감소하면 UV-B의 강도는 20% 증대하여 피부암의 발생율이 30~50% 높게 된다고 예측하고 있다. 게다가 오존층은 흡수한 자외선 에너지를 열에너지로 변화시켜 성층권의 안정화에 기여하고 있다.

2) 프레온 가스에 의한 오존층의 파괴

프레온은 탄소에 불소가 결합된 일종의 유기화합물로서 이들 중 환경과학에서 무제로 되고 있는 것은 염소(Cl)를 함유한 것으로 유럽에서는 CFC라고 부른다. CFC는 1920년대 말에 미국의 GM사에서 냉매로 개발되어 1930년대를 시작으로 듀폰사로부터 프레온이라는 상품명으로 발대되었다. CFC 중에서도 CFC 11(CCl_3F)와 CFC 12(CCl_2F_2)가 전체 사용량의 80%를 차지하고 있다. CFC는 화학적으로 안정되어 인체에 독성은 거의 없고 불연성이며 냉매나 용매로서의 성질이 있어 냉장고 등의 냉매, 스프레이의 분사제, 매트리스 등의 발포제, 정밀부품의 세정제 등에 폭넓게 사용되고 있다. 그러나 안정화를 위해서는 대기 중에서 분해되기 어렵고 상승기류에 탑승하여 성층권에 도달된다.

1974년에 Molina와 Rowland는 성층권에 도달한 CFC는 강력한 자외선의 작용에 의해 Cl 원자를 유리하여 오존층을 파괴할 가능성이 있다고 경고하였다. 이러한 경고와 더불어 많은 연구기관에서 시뮬레이션이 행해지고 금후 수 십 년간의 O_3 감소량은 수 %에서 10% 정도로 예측되었다. 그런데 실제로 오존층의 파괴는 훨씬 빨라져서 오존 홀이 발견되었다.

3) 오존 홀

근래 남극 대륙 상공에는 매년 이른 봄(9~10월)에 남극대륙을 덮을 정도 크기의 O_3 농도가 낮은 영역이 형성된다. 이러한 형상을 오존 홀이라고 부른다. 남극 상공의 성층권에 있는 O_3이 이른 봄에 현저하게 감소하는 현상은 과거 30년 전부터 계속 관찰되었는데, 최근 15년간에 O_3의 양이 절반 가량 감소하면서부터 관심이 일고 있다.

성층권에 도달한 CFC로부터 생성된 Cl이나 일산화 염소(ClO)는 O_3을 파괴하는 활성이 물질이나 실제로 이들 물질의 대부분은 성층권에서는 불활성의 염화수소(HCl)이나 초산 염소($ClONO_2$)로서 존재한다. $ClONO_2$의 형성에는 지구상의 미생물 활동이 기여한다. 즉, 지구상의 질산태 질소가 미생물의 작용으로 탈질될 때에 질소(N_2)와 함께 N_2O가 생성된다. N_2O는 비교적 안정되어 있기 때문에 CFC와 동일하게 성층권까지 도달한다. 그곳에서 강한 자외선으로 산화되어 NO_2로 되고 ClO와 반응해서 $ClONO_2$를 만든다. 즉, 자동차등으로부터 배출된 일산화질소(NO)나 이산화질소(NO_2)는 반응성이 풍부하여 물에 잘 녹기 때문에 성층권에는 도달할 수 없다.

그런데 통상의 성층권에서는 수증기의 밀도가 매우 낮기 때문에 얼음의 결정은 형성되지 않는다. 그러나 남극상공에서는 암흑의 겨울동안에 -90℃까지 냉각되어 얼음의 미립자가 극성층권운이라 부르는 일종의 구름을 생성한다. 이러한 얼음의 미립자의 표면은 반응성이 풍부하여 HCl이나 $ClONO_2$를 분해하여 Cl_2를 생성한다. 이렇게 하여 남극상공에서는 겨울철에 대량의 Cl_2가 축적된다. 그래서 봄이 되어 태양광을 맞이하게 되면 Cl_2는 곧바로 분해되어 대량의 Cl의 원자를 유리하고 O_3을 급속하게 분해된다. 게다가 겨울의 남극에서는 과다한 편서풍이 남극대륙을 둘러쌓고 있어 남극의 대기를 주위의 대기로부터 차단한다. 이러한 것이 남극 상공의 대기를 극단적으로 냉각시키는 역할을 하고 있다. 한편 북극에서는 남극만큼 상공의 온도가 저하되지 않아 오존 홀도 발생하지 않는다. 그러나 최근에는 북극에서도 소규모의 오존 홀이 관찰되고 있다.

대류권 | 성층권

(남극의 겨울)얼음의 미립자 태양광(남극의 봄)

프레온 → ClO↘ ↓ ↓

→ $ClONO_2$ → Cl_2 → Cl → 오존층의 파괴

N_2O → NO_2↗ (불활성) (활성)

4) 대책

오존층의 파괴는 남극상공만의 문제로 방치할 수 없다. 확실한 오존홀은 성층권에 얼음의 미립자가 형성될수록 극저온의 상태로 되지 않도록 하는 것이다. 그러나 오존홀은 성층권에 있는 Cl이나 ClO를 불활성화 시키는 능력이상으로 CFC가 방출되면 오존층이 급속하게 파괴되는 것을 의미하고 있다. 또한 최근 극지방 이외에서도 O_3의 양이 저하되고 있음이 측정되고 있다.

미국에서는 1978년에 스프레이용품에 특정 프레온의 사용이 금지되고 그 후 몇몇 국가에서도 규제를 실시하고 있으나 세계의 연간 CFC 생산량은 그 정도로 감소하지 않았다. 1985년 3월에는 「오존층 보호를 위한 Wien 조약」이 27개국에 의해 채택되어 각국 공통의 규제를 검토하게 되었다. 1987년 9월에는 Wien 조약을 기초로 「오존층을 파괴하는 물질에 관한 몬트리얼 의정서」가 29개국에 의해 채택되었다. 이러한 의정서에서는 특정 프레온(CFC 11 · 12 · 113 · 114 · 115)에 대해 연간 생산량과 소비량을 1989년부터 단계적으로 삭감하여 1998년에는 1986년의 50%를 넘지 않도록 하였으며, 1990년에는 금세기 말까지는 사용을 완전히 금하는 것에 합의하여 계속해서 각국에서는 오존층의 감시와 분해하기 쉬운 CFC나 그 대체품의 개발에 노력하고 있다.

4-2-3. 산성비

지구상에서 인간활동이나 공업생산에 따라 엄청난 양의 오염물질이 대기 중에 방출되고 있다. 1972년에 스톡홀름에서 개최된 인간환경회의에 제출된 서류에 의하면, 전지구상에 일년간 대기 중으로 배출되는 탄산가스는 150억 톤, 아황산가스 1억 500만 톤, 질소화합물 5,300만 톤, 먼지입자 2,000만 톤에 달한다고 하였다. 그 후 오일 파동이나 선진국의 경제불황 등으로 다소 변동은 있으나, 계속적으로 개발도상국의 개발 혹은 경제성장 등이 이루어져 화석연료의 사용은 연간 4% 비율로 증가하고 있다. 따라서 오염물질의 배출량도 이와 비슷한 비유로 증가하고 있다고 할 수 있다.

대기 중으로 배출된 막대한 양의 오염물질은 우선 주위의 공기와 혼합되면서 바람에 운반된다. 대기 중의 오염물질의 농도는 배출원(예를 들면 공장의 매연 출구)으로부터 바람에 의해 멀리 날아갈수록 희박해 진다. 이것은 오염물질이 수송확산의 과정에 의해 주위의 청정한 공기와 혼합함으로써 농도가 희박해지기 때문이다. 이와 동시에 대기 중에서 오염물질 자신도 서서히 변화해 간다. 예를 들면 대표적인 대기오염물질인 아황산가스(이산화황, SO_2)는 공기 중에서 서서히 산화되어 3산화황으로 되거나 대기중의 수증기와 화합해서 황산의 안개를 만든다. 이것이 황산 mist이다. 황산 mist는 더 나아가서 대기 중에 존재하고 있는 여러 물질 예를 들면 암모니아와 화합하여 황산염으로 된다. 동일한 방법으로 일산화질소나 이산화질소는 질산염을 만들고, 질소산화물과 탄화수소가 자외선의 에너지로 광화학 옥시단트(oxidant, 산화제)를 만든다. 그러나 그 정도만으로도 대기오염물질의 배출이 계속되는 한 시간이 흐름에 따라 대기오염농도가 상승해 간다. 그러나 탄산가스나 프레온가스와 같은 경우를 제외하고는 이러한 경우가 발생하지 않는다.

이는 배출된 오염물질이 언제까지 대기 중에 머물러 있는 것이 아니라 대기 중에서 서서히 제거되어 가기 때문이다. 이 과정을 『정화작용 혹은 청정작용』이라고 한다. 이때에 중요한 기능을 하는 것이 비와 눈이다. 대기 중에 부유하고 있는 매연이나 시멘트 등의 입자 중에서 입자지름이 10 미크로 이상의 크기는 중력에 의해 공장의 매연 등의 배출원 근방에 떨어진다. 그보다 작은 입자나 가스는 중력에 의해서는 낙하하지 않기 때문에 지표면이나 식물의 잎 표면, 매연 입자 등에 부착되는 것에 외에 대부분 대기 중에서 수증기가 응결해서 구름으로 될 때에 구름입자에 붙어 있거나 빗방울이나 눈송이가 떨어질 때 세척되어 대기 중으로부터 제거된다. 전날까지 흐린 창공이 폭우 다음날 아침에 청정한 기분을 느끼는 경우가 많은데, 이는 대기 중의 부유미립자들이 비에 씻겨 내렸기 때문이다. 이와 같이 비와 눈은 대기의 청소자로서의 역할을 하는 반면에, 오염물질이 함유된 산성비와 눈이 대지에 내리게 된다.

1) 산성비

대기 중에 방출된 유황산화물이나 질소산화물은 직접적으로 동식물이나 인체에 피해를 주거나 건축물이나 금속의 표면을 부식시키게 된다. 직접적인 영향을 받는 범위는 국소적이지만, 발생원으로부터 수 ㎞~20㎞이내에서 인정되고 있다.

한편 대기 중에 방출된 이산화황(SO_2)이나 질소산화물이 O_3 등 산화물이 강한 물질과 반응해서 황산(H_2SO_4)이나 질산(HNO_3)으로 변한다. 그리고 이들이 구름을 구성하는 물방울의 핵으로 머물러 있거나 강하하는 밧방울에 용해되어 강산성을 나타내는 비로 지상에 낙하된다. 따라서 비의 산성화는 황산화물이나 질소산화물에 의해 발생한 간접적인 영향이다. 산성비 문제에서는 협의의 산성비만이 아니라 가스나 에어졸 상태의 대기오염물질의 영향도 포함해서 고려되어야 한다.

대기 중에는 약 0.03%의 탄산가스가 함유되어 있다. 이것은 대기 중에 부유해 있는 구름입자나 낙하하는 비 입자에 용해되기 때문에 비는 약산성을 띠는 경우가 많다. 덧붙여 대기 중에 탄산가스가 빗방울에 충분히 녹아 평행상태에 달할 때 수소이온농도지수 pH는 5.6~5.7이다. 그런데 황산이나 질산 등의 오염물질을 함유한 비는 이들보다도 더욱 산성이 강해서 pH 값이 낮기 때문에 '산성비'라고 한다. 대도시나 공업도시 등 대량의 오염물질이 대기 중에 함유되어 있는 곳에서는 pH가 4.0 이하의 강산성우가 내릴 때도 있다(식품 중 오렌지 쥬스의 pH는 4.5, 레몬 넥타는 4.0, 식초가 3.0이다).

그러나 측정하는 장소에 따라서는 주위의 지형, 지질이나 토양의 영향을 받아 비의 pH가 앞에서 말한 수치보다 낮게 되는데, 이러한 경우는 인위적인 오염에 의한 산성비라고 말할 수 없다.

2) 육상생태계에 미치는 산성비의 영향

산성비가 육상생태계에 미치는 영향은 산성물질의 지상 침착량과 토양이나 호소의 산성비에 대한 중화능력과의 조합이 바람직하지 않은 장소에서 가장 많이 나타난다. 따라서 빗물 산성화의 영향은 대기오염물질의 발생원 근처에 위치한 곳뿐만 아니라 발생원으로 부터 수백~수천 ㎞ 떨어진 곳에서도 일어날 수 있음이 알려져 있다.

(1) 호소에의 영향

아메리카 북동부의 9주 27지역에서는 현재 17,059 호소 중 9,423 호소가 영향을 받아 2,993개의 호소에서 어류가 사멸하고 있다. 아메리카의 북서 및 록키 산맥 지대의 14,000호소 중 2/3 이상은 산성화되었다고 알려져 있다. 캐나다의 온타리오주에서는 4,000의 호소가 산성화되어 물고기가 사멸하였다. 또한 스웨덴에서는 현재 85,000개의 호소 중 18,000개에서는 거의 물고기를 볼 수 없다. 이들 호소의 산성화를 초래한 원인은 산성비와 산성 눈의 해빙수 유입에 의한 것으로 알려져 있다.

(2) 삼림에의 영향

삼림수목의 생장에 미치는 산성비의 영향에는 산성비의 직접적인 영향과 산성비가 토양을 산성화시켜 간접적으로 식물에 영향을 미치는 경우가 있다.

수목에 대한 산성비의 직접적인 영향을 삼나무의 유목을 이용해서 실험을 한 결과, 인공 산성비를 2개월에 걸쳐 주당 2~3회 살포한 시험에서 빗물이 pH가 3.0일 경우에는 전 실험기간을 통해 식물체에서는 가시적인 증상이 인정되지 않았다. 그러나 pH 2.0의 처리구에서는 빗물의 살포횟수가 증가함에 따라 잎의 선단부가 적갈색으로 변색되는 것이 나타났다. 또한 삼나무의 생장속도는 빗물의 pH가 3.0에서는 약간 저하하였으나 pH 4.5의 처리구에서는 변화가 보이지 않아 pH 4.0~5.0의 산성비가 식물체의 표면에 떨어져도 직접적인 영향을 미치지 않는다는 것이 보고되었다.

한편, 중부 유럽에서는 토양의 pH가 6.4~6.9으로 우리나라의 토양에 비해 석회성분도 많고 비옥한 토지가 많다. 그러나 현재 삼림피해지역에서는 토양 pH가 지표 근처에서 4.0으로 현저하게 낮다. 이와 같이 토양 pH를 저하시키는 원인은 대기오염물질의 지표면에의 침착이다. 그 과정을 2가지로 나눌 수 있는데, 첫 번째는 가스나 미립자의 대기오염물질이 지표면에 직접 떨어지거나 식물체의 표면에 흡착된 후에 빗물로 씻겨져 지표에 도달하는 건성침착이다. 두 번째는 산성물질이 대기 중에서 빗물에 둘러 쌓여 있다가 강수와 함께 지상에 강하하는 습성침착이다.

삼림에 있어서 산성물질의 침착량은 수종에 따라 약간 다르다. 일반적으로 SO_2 가스나 H_2SO_4의 미립자 등이 식물체 표면에 흡착되어 그것이 빗물에 씻겨 삼림 내에 도달하는 산성물질의 양은 나지에 떨어지는 빗물 중의 값보다도 높다. 그 수치는 침엽수가 활엽수보다 2~3배 많다.

지표면에 침착한 대기오염물질은 토양에 집적되고 토양을 산성화시킨다. 그와 동시에 식물의 생장에 필요한 영양소가 토양으로부터 용출되어 토양은 빈약해 진다. 한편 토양이 산화되어 가면 식물에 유해한 알루미늄이나 망간이 용출되어 뿌리의 활력을 약화시킨다. 또한 토양미생물의 기능을 억제하여 생태계의 물질순환에 혼란을 초래한다. 특히 Al^{3+}은 식물에 대한 독성이 매우 강한데, 이들 Al^{3+}의 용출은 토양 pH 4.5에서 급격하게 증대된다.

토양은 산성비에 대해 어느 정도까지는 저항하여 토양의 산성화를 방지하고 있으나 산성물질의 토양에의 부하량이 정도를 넘어서면 식물이 생육할 수 없는 토양으로 되어 버린다. 그것을 방지하는 대책으로는 황산화물이나 질소산화물의 배출량을 크게 줄이고 삼림에 석회를 살포하여 토양의 산성화 진행을 지연시키든지 삼림을 구성하는 수종을 산성비에 강한 종류로 변화시키거나 침엽수와 활엽수를 혼합한 조림법 등이 고려되고 있다.

4-2-4. 열대림 · 온대림의 동태

삼림에는 많은 동식물이 서식하고 인간은 이들의 동식물을 공업적 · 농업적 자원으로 이용해 왔다. 현재 삼림은 육지면적의 약 1/5을 점하고 있고 그 절반은 열대 및 아열대의 개발도상국으로 존재하고 있다. 근년 그 지역에서의 삼림의 파괴가 급속하게 진행되고 있다. 이에 반해 선진공업국의 삼림은 비교적 일정한 면적을 유지하고 있으나 최근에는 산성비 등에 의한 피해가 발생하고 있다.

개발도상국에 있어서 삼림파괴의 중요한 원인으로서는 도상국의 인구

증가와 함께 농지수요확대와 벌채 등을 들 수 있다. 국제식량농업기구(FAO)에 의하면 1986년에 도상국에서는 벌채에 의한 목재의 약 87%가 연료로 도상국에서 소비되고 나머지 13%가 상업용 목재로 이용되었다. 이와 같이 개발도상국에 있어서 삼림파괴는 개발로 인한 것이며 선진공업국에 수출하는 약간의 목재 벌채를 위해 만들어진 도로 등이 삼림의 농지로의 대규모 전환을 용이하게 한다.

이러한 삼림의 파괴는 개발도상국의 생태계에 커다란 영향을 미치고 있다. 개발도상국의 삼림은 대부분이 열대림으로 이러한 열대림은 식물의 생장에 필요한 영양염류의 대부분은 식물체 자신이 보유하고 있어 토양은 양분이 충분하지 못한다. 그 원인으로서는 고온 때문에 낙엽과 떨어진 가지 등이 빠르게 분해되어 토양에 양분을 함유한 유기물이 축적되기 어렵고 많은 양의 강수에 의해 영양염류가 용탈되는 것을 들 수 있다. 이러한 열대림에서는 농지조성을 위해 화전을 행하면 식물체로부터 토양에 한꺼번에 방출된 영양분은 강수에 의해 용탈되어 버린다. 종래부터 행하여 왔던 방법은 화전부터 다음 화전까지의 간격이 길고 삼림의 물질순환이 회복할 여유가 있었기 때문에 화전이 생태계에 미치는 영향은 적었다. 그러나 현재 행해지고 있는 대규모의 화전은 화전 간격이 짧기 때문에 불량한 나지가 용이하게 출현되고 삼림은 회복이 불능한 상태로 되어 버린다. 또한 열대림은 동식물의 보고이고 귀중한 유전자원이나 삼림의 파괴에 의해 많은 종이 절멸할 가능성이 높다.

게다가 개발도상국에 있어서 삼림의 파괴는 지구전체의 환경에도 큰 영향을 미치게 될 가능성이 있다. 즉 삼림은 농지로 전용하기 위해 화전을 행하면 대기 중에 다량의 CO_2가 방출된다. 이들의 양은 경우에 따라서는 석유나 석탄 등의 화석연료의 소비에 의해 방출되는 양에 필적할 만하고 알려져 있다. CO_2에 의한 지구 온난화의 위험이 있으나 삼림의 파괴는 이를 가속시킬 가능성이 있다.

4-2-5. 사막화

1) 토양의 염류화

인간의 역사는 반복이다. Carter와 Dale은 「문명인은 지구의 표면을 건너서 앞으로 나아가 그 족적에 황야를 남겨왔다」라고 말했고 고대문명의 성쇠가 문명이 발생한 지역의 토양 생산력에 의해 규정되어 왔던 것이 명백하다.

세계 4대 문명의 발상지는 대부분 건조지 혹은 반 건조지대이었다. 이들 지역의 자연은 미묘한 균형 위에서 성립되어 왔다. 인간이 모여서 생활해 나가면 서서히 자연의 균형을 파괴해 갔다. 인구가 구가하면 식량을 증산하지 않으면 안되었다. 식량증산의 간단한 방법은 농지를 구가시키는 것이나 농지에 적당한 토지는 한정되어 있다. 건조지의 토양은 비교적 비옥하고 수로가 있으면 적지로 되는 경우가 많았다. 관개수를 많았하면 이제까지 생산할 수 없었던 여름철에도 또한 생산에 적합하지 못하였던 토지에서도 식량생산이 가능하게 되었다. 건조지에서의 여름철 수분증발량은 대단하다. 건조지를 흐르는 하천수의 염류농도는 다른 지역 하천수의 염류농도 보다도 다소 높으나 그것보다도 관개수가 토양에 깊숙히 스며들어 땅속 깊게 존재해 있던 염류를 용해한 후 구발에 의해 지중으로 부터 표면으로 이동시켜 염류를 표면에 남기게 되고 서서히 염류를 집적시킴으로서 염류집적지가 확대되어 왔다. 염류집적은 관개에 의해 지하수위가 높게 됨으로서 심하게 되어 내염성이 강한 작물만이 남게 된다. 이것을 토양의 염류화라고 부른다.

2) 토양침식

건조지대의 강우는 연간 강수량은 적지만 한꺼번에 많은 양의 비를 내리기 때문에 건조한 토지가 이들에 의해 씻겨져 나간다(水蝕). 또한 이러한 현상은 식물의 피복이 없는 토양에서 더욱 현저하다. 강우 후, 건조지대는 다시 건조지대의 특유한 경관을 취하게 되어 바람에 의한 토양의 침식(風蝕)이 현저하게 된다. 이들 토양침식은 가장 비옥한 표토를 아주 얕게 만들어 버린다.

고대문명의 발상지는 보통 토양 염류 집적지와 토양침식의 피해가 빈번한 지역이다. 고대문명의 발상지 외에도 그리스나 로마는 증가하는 인구를 부양할만한 가축을 확보하기 위해 방목하는 가축두수를 증가시켰다. 채식하는 풀의 양이 적게 되면 소에서 양으로, 양에서 염소로 방목가축을 대체해 갔다. 결국에는 풀의 절대량을 확보할 수 없게 되어 나지가 발생하게 되었다. 그리고 지중해 기후에서는 풀의 생육이 나쁜 겨울철에 강수가 많아 토양침식이 현저하게 되었다. 토양이 그곳에 주거하는 인간을 부양할 수 없을 때 문명은 멸망하였다.

3) 사막화

세계의 인구는 현재 60억에 달한다. 폭발적으로 증가하는 인구를 어떻게 부양할 것인가? 육지의 1/3을 차지하는 건조지대 혹은 반 건조지대에서도 예외가 될 수 없는 인구의 증가는 절박한 식료부족을 해소하기 위해 삼림벌채나 과방목을 행하고 있어 필연적으로 토양을 더욱 강하게 압박하게 되었다.

일반적으로 강수량이 적어 토양이 건조하기 때문에 식생을 거의 이루지 못한 지역을 사막이라 부른다. 이러한 사막의 상태가 확장되거나 강화되는 현상을 사막이라고 한다. 삼림벌채나 과방목은 토양으로부터 식물의 피복을 빈약하게 해버려 토양의 건조화를 급속하게 진행시켜서 토양침식 혹은 염류 집적지를 만들어내고 이러한 지역에서는 인간의 생활을 전혀 할 수 없도록 해버린다.

1973년에 발족한 UNEP, 1977년 케냐의 나이로비에서 개최된 국제연합 사막화 방지회의에서는 세계 각지의 건조지 혹은 반건조지에 있어어어어 각한 사막화 현상 즉 매년 600만 ha가 사막화로 손실되고 있다고 보고하였다. 따라어어이들 회의에서 채택된 제안은 사막화에 대한 토지의 부실은 바람의 작용, 물의 작용, 있다고 등 3가지의 작용에 의해 또한 사막화에 대한 토양의 상태는 토양의 압박지수를 평가하였다. 이들에 따르면 아프리카 토양이 가장 높은데, 그 지역의 면적은 15,408㎢(아프리카 전체의 55%)에 이른다고 하였다.

4-2-6. 야생 생물종의 감소

1) 생물계의 역사와 생물종의 절멸

생물종의 절멸은 생물계의 긴 역사 중에서 흔한 일이다. 진화의 과정에서 새로운 생물종이 탄생하거나 어떤 종이 자연도태의 과정에서 절멸하는 것은 생물계의 자연 섭리이다.

지구상에서 극단적인 생물종의 감소, 대규모 종의 절멸은 생명의 탄생 이래 5회 정도이었다고 알려져 있다. 이와 같이 절멸을 초래한 가장 큰 원인은 기후변동과 함께 생육환경의 급격한 변화이었다고 생각되었다. 그 중 백아기 말 약 6,500만 년 전에 공룡의 절멸을 초래한 기후변동은 유성과 지구와 충돌에 의한 것으로 추측되고 있다. 한편으로 대규모 절멸이 있은 후에는 비교적 짧은 시간에 다시 종의 수가 증가되어 지구상 생물의 다양성은 증가와 감소를 반복하면서 현재까지 이르러 왔다. 그러나 현재 주목하고 있는 생물종 감소의 문제는 과거 5회의 대량절멸에 필적하거나 그 이상의 대량절멸에 이르는 것이 확실시되고 있다. 게다가 그 원인이 이제까지와는 현저하게 달라 인간이라는 지구상의 한 생물종의 활동에 의한 것이고 또한 그 진행의 속도도 이제까지 경험할 수 없었던 속도로 진행되고 있다.

2) 인간활동과 생물종의 감소

지구상에서의 인간의 활동이 활발해 짐에 따라 생물들은 확실하게 그 수가 감소하였다. 즉 인류의 번영과 함께 많은 종이 절멸되어 21세기초에는 전 생물종의 15~20%가 절멸되었고 1종의 절멸은 그 종이 지닌 100만~100억 피트의 유전정보를 잃어버렸다.

(1) 생물종의 절멸을 가져온 이유

생물종의 감소는 특정 종의 선택적인 수렵과 채집 등의 직접적인 원인으로부터 경작지의 확대, 삼림의 벌채나 수질의 오염 등에 의한 서식지의 소멸이나 서식환경의 변화, 포식자나 경합종으로 되는 이입종의 도입 등의 간접적인 것까지 다양한 인간활동과 관계를 갖고 있다. 게다가 금후 예상되는 지구의 온난화도 특히 냉·온대나 극지역에서는 서식처의 소실을 초래하거나 탁월한 이동능력이 요구되기 때문에 생물상에 커다란 타격을 줄 것으로 생각된다.

이와 같이 생물종의 감소는 거의 모든 인간활동과 관련하여 발생할 가능성이 있다. 실제로 현재까지 이루어진 종의 절멸과정에서는 그들이 복잡하게 관련하고 있다. 즉, 1980년에 접어들어 행해진 대규모의 삼림이나 야산의 개발로 조류의 서식장소가 현저하게 파괴되었다. 게다가 개간지에 재배된 농작물의 피해를 막기 위해서나 날개(깃털) 혹은 털 등의 재료로 사용하기 위해 조류의 대량학살이 행해졌기 때문에 1850년경부터는 그 개체수가 급격하게 감소하기 시작하였다.

3) 야생 생물종의 보호를 위해

어떤 종의 절멸은 단 1종의 절멸에 지나지 않는 경우가 많다. 열대림을 구성하고 있는 수목 하나의 수종에는 그 수종을 의존해서 살아가는 많은 곤충이 있다. 이 때문에 열대림의 감소로 초래되는 열대림 구성 수종의 절멸은 많은 곤충이나 기타 생물의 절멸 등의 연쇄반응을 일으키게 된다. 즉, 생물의 사회는 서로 상호 의존적이면서 혹은 일방적으로 다른 생물에 의존하면서 생활하고 있는 생물집단들이 많다. 또한 현재 존재하는 생물이 과거의 진화과정의 역사적 산물이다라고 한다면 인간활동에 의해 그들이 절멸해가는 것은 현재의 생물계에 영향을 미칠 뿐만 아니라 금후의 생물의 진화에도 막대한 영향을 주리라는 것을 인식하지 않으면 안된다. 따라서 우리들이 행하지 않으면 안되는 것은 자연계에서 공존하고 잇는 생물들을 될 수 있는 한 본래의 생활대로 보호해가기 위해 노력을 기울여야 할 것이다. 다양한 생물들은 지구와 인류에 있어서 대체할 수 없는 귀중한 재산이다.

일부 국가에서는 절멸이 빈번한 동물상을 보호·증식하고자 동물원이나 식물원의 역할을 중요시하고 있다. 그러나 동물원이나 식물원에서 행해지고 있는 인공사육이나 인공재배에 과도하게 의존하는 것은 위험하다. 이들은 종의 절멸을 회피하기 위한 최후의 수단에 불과하다. 또한 안이하게 식물의 이식 등 대증요법적인 대응은 결코 종 개체군의 유지에는 기여할 수 없다는 것을 인식해야 한다. 전술한바와 같이 생물은 공존하는 것이 현실이기 때문에 제한된 공간에서 생활하는 개체나 종의 수는 제한되어 있다. 자연상태에서 종의 존속을 가능하게 하도록 환경을 유지하거나 자연상태에서 유지될 수 없는 부분에 대해서는 적당한 관리를 가해야 할 것이다.

따라서 생물종의 절멸방지 대책으로는 우선 열대림에서 생물의 목록작성을 시작하지 않으면 안되고 다양한 종에 대해서는 그 개체군의 구조나 유전적 변이성, 생물상호관계나 분포지역의 환경파악 등 보호에 필요한 분야의 연구축적이 필요하다.

4-2-7. 중금속과 농약 등 인공화학물질에 의한 오염

1) 중금속

생물은 생명활동에 필수 불가결한 원소를 함유하고 있다. 그 중 소량의 것을 미량원소라고 부른다. 이들에는 철, 망간, 아연, 동등의 중금속도 포함하고 있다. 그러나 미량원소도 다량으로 존재하면 생물에게 유해한 영향을 미치게 된다.

금속원소 중에는 생물체에 필요로 하지 않고 유해작용만을 나타내는 원소로서 Sb, Be, Cd, Pb, Hg가 있고 특정한 생체반응에 대해 유해 작용을 나타내는 원소로서 Sn, Ge, W, Bi, Te, Pd 및 Rh를 들 수 있다.

금속원소 중 일반적으로 밀도가 1㎤ 당 4~5g 이상의 것을 중금속이라고 부른다. 여기에는 Fe, Cr, Co, Cu, Au, Sn, Pb, Bi, Zn, Cd, Hg 등이 해당된다. 토양은 원래 암석이 풍화되어 생성된 것이기 때문에 많은 중금속이 함유되어 있다. 우리가 매일 먹고 있는 쌀 등의 식물체에도 금속이 미량으로 함유되어 있다. 토양 중 금속함량은 Mn은 1,000㎍/g 건물, Zn, Ni, Cu 및 Co 등은 1~100 ㎍/g 건물, Hg와 Cd는 0.01~1 ㎍/g 건물의 범위가 이에 해당된다.

특히, 수은(Hg) 화합물은 종자를 소독하기 위해 사용되어 왔다. 더욱이 현재는 각종 공업생산에 이용되고 있다. 수은은 신경계에 피해를 주며 간혹 인간들이 수은 중독을 일으키는 지역도 발생하고 있다. 수은은 환경 중에서 비교적 활동하기 쉽고 그 화합물은 물 속에 운반되어 호소나 바다의 퇴적물로 침적한다. 이들이 그대로 빙하에 침적해버리면 수은 화합물에 대한 문제가 없으나 퇴적물 중 무기수은 화합물에 의한 독성이 강하고 또한 보다 이동하기 쉬운 유기수은 화합물로 변화되어 버린다.

또한 납(Pb)은 수은과 마찬가지로 신경계에 영향을 미치는 중금속으로 인간에게 급성 납중독을 일으키게 한다. 납도 환경에 방출되어 환경 내에서 이동한다. 방출된 납의 주된 생성원은 가솔린에 이용되고 있는 테트라에틸 납으로 그 양(3.5×10^5 t/年)은 하천으로부터 바다로 유입되는 천연 납의 양(1.5×10^5t/年) 보다도 훨씬 많다. 유입된 납의 양은 해양 내 납 pool에 비하면 상당히 적은 양이지만 수은의 경우와 마찬가지로 지표수에 영향을 미친다.

2) 농약 등 인공 화학물질

사람이 합성한 인공화합물질 중 염소 등 할로겐 원소를 함유한 유기화합물은 작용이 강하여 생태계에 영향을 미치는 경우가 많다. 그 대표적인 화합물이 DDT, PCB, 2,4,5-T, 2,3,7,8-TCDD, 클로로포름 등이다. 이들은 공통점이 2가지인데, 하나가 대략적으로 안정되어 분해되기 어렵다. 따라서 생태계에 오랫동안 잔류하기 쉽다. 또 한가지는 지방에 용해되기 쉬워서 생물농축이 쉽다는 것이다.

DDT는 신경계 살충제이다. 물에는 조금밖에 녹지 않으나 지방에는 잘 용해된다. 또한 DDT는 지방조직에 축적되며 이들 저장 지방을 생물이 먹게되면, 혈액 중에 들어가 치사에 이를 정도이다. 수생 생물이나 척추동물도 염화탄화수소의 피해를 받으나 특히 어류나 조류는 피해를 받기 쉽다. 그것에 비해 포유류는 비교적 피해가 적다.

PCB는 염소수와 치환위치가 다양한 물질의 혼합물이다. 열 안정성이나 전기 절연성이 뛰어나 열 매체나 콘덴서 등에 폭넓게 이용되어 왔다. 그렇지만 강한 독성 때문에 생산이 중지되어 사용이 엄격하게 제한되어 있다.

2,4,5-T는 광엽 잡초의 방제에 사용되는 선택성 제초제이다. 염소원자가 하나 적은 2,4-D도 제초제로 천수답 등에서 폭넓게 사용되어 왔다. 2,4,5-T와 2,4-D는 베트남 전쟁에서 대량으로 살포한 고엽제의 주성분이기도 하다. 이들 지역에서 암환자, 선천성 이상아, 유산, 사산이 다량으로 발생하는 것은 고엽제에 불순물로 함유된 다이옥신에 의한 것으로 생각된다. 다이옥신은 2,4,5-T의 제조공정이나 가열 등에서 부수적으로 발생하고 2,4,,5-T에 수천 mg/kg 함유되어 있다.

다이옥신은 2개의 벤젠 핵이 산소원자로 가교가 만들어진 골격을 지니고 있고 염소수나 치환위치가 다양한 물질의 총칭이다. 이들 중 2,3,7,8-TCDD는 3×10Å의 평판상의 분자이고 대게 미량으로 기형과 간종양 등을 유발할 수 있다. 또한 급성 독성을 나타낸다. 다이옥신은 여러 화학공장이나 폐기물의 폐기장소에서 누출될 뿐만 아니라 쓰레기소각이나 제지공장으로부터도 환경 중으로 방출된다.

클로로포름 등의 트리할로메탄은 정수과정의 염소살균에서도 나타나 수돗물에 수십 μg/L를 함유하고 있다. 고농도 시에는 간장이나 갑상선 등의 암이 발생한다. 또한 클로로포름은 대기 중에서 산화 혹은 광분해되어 호흡장애를 유발하는 독가스로 되기도 한다.

4-2-8. 방사성 물질에 의한 오염

지구상의 생물은 옛날부터 방사에 영향을 받으면서 살아왔다. 그것은 우주로부터 멀리 떨어져서 오는 경우도 있고 땅속이나 암석으로부터 방출된 방사선 등이 있다. 이들은 지역에 따라 큰 차이는 있으나 일반적으로 낮은 수준이어서 인체에는 별로 영향이 없는 것이라고 생각되어 왔다. 그러나 1945년 7월에 행해진 제1회 핵실험 이래 인공 방사성 동위원소가 새롭게 환경 중에 방출되게 되었다. 게다가 원자력 발전소나 핵연료 재처리 시설의 건설이 진행되면서 이들로부터 배출된 방사성 폐기물의 처리문제 등, 환경과 그곳에 서식하는 생물 특히, 인간의 방사선 영향이 큰 문제로 대두되고 있다.

물질을 구성하는 원자는 원자핵과 전자로 되어 있고 그 원자핵은 양자와 중성자로 된다. 양자와 중성자를 합한 수를 질량수라고 부르나 동일한 원소에서도 질량수가 다른 원소가 있는 이와 같은 원자를 동위원소(동위체)라고 부른다.

지구상에는 이제까지 106종의 원소가 알려져 있으나 이들 중 원자번호가 84 이상에서는 원자핵을 형성하는 양자와 중성자의 수가 많기 때문에 불안정하게 되고 원자핵으로부터 입자와 에너지를 방출해서 기타 보다 안정 원자핵으로 변하는 것도 있다. 이와 같은 원자를 방사성 동위원소라 부르고 그때 방출된 입자선 및 전자파를 방사선이라고 부른다. 또한 원자가 방사선을 배출하면서 원자핵을 변화시키는 성질을 방사능이라고 한다.

일반적으로 플루토늄 발생 반응기를 냉각하기 위해 강물이 사용되는데, 반응기 내의 강한 중성자 흐름 때문에 냉각수 중의 어떤 원소는 방사성이 되어버린다. 이러한 방사능을 붕괴시키기 위해서는 충분한 시간과 대량의 하천수로 희석하여 하천수와 생물체의 방사능을 주의 깊게 측정한 후 인체에 해롭지 않은 농도로 흘려보내야 하지만 이렇지 못할 경우에는 생물 농축이 우려가 높다.

또한 원자력 설비의 굴뚝에서 대기 중으로 방사능 물질이 방출되어 지구 주위를 순환하고 핵 병기의 실험으로 대기중의 방사능이 증가하였다가 강우에 의해 낙하하여 태평양의 여러 섬의 해수나 어류 등에서 예상하지 못할 정도 높은 방사능이 검출된다. 하지만 이와 같은 방사능의 빗물에 의한 양은 알려진 바로 인간이나 다른 생물에게 단시간에 생리적 위험을 일으킬 수 있는 양은 아니다.

생물이 방사능 물질에 노출된다는 것은 원형질(특히, 세포의 핵)이 이온화 작용이라는 위험한 상태에 처하는 것을 의미한다. 이온화 작용을 하는 방사선은 그 작용에 있어서 다음 3가지 시간적으로 다른 상호 관련하는 효과를 지니고 있다.

① 강한 방사선을 급속히 또는 단시간 쬐면 급성 방사능 장해가 발생한다.

② 약한 방사능을 장시간 쬐면 아직도 그 작용이 확실하지 않지만 암이나 노화를 촉진하는 등 완만한 증상이 발생한다.

③ 어떠한 강도의 방사능에 의해서도 생식세포의 유전물질에 영향을 일으킨다. 즉 방사선을 쪼인 생물의 자손은 원치 않는 돌연변이가 발생하는 등의 영향을 받게 된다.

이상의 3가지 영향은 전부 주로 세포핵 중의 유전물질, 즉 염색체에 직접 또는 그 부근의 일부분에 대한 전리 방사선의 파괴적인 충격에 의해 발생한다. 따라서 생물의 방사능에 대한 감수성은 그 생물의 염색체 평균 용적에 의해 크게 좌우된다. 이러한 감수성은 생물에 따라 다르다. 예를 들면 인간과 척추동물은 민감하고 절족동물과 많은 식물들은 별로 민감하지 않으며 미생물은 거의 느끼지 못한다.

4-2-9. 유해폐기물의 국경이동

현대사회는 물질이 풍부한 사회로서 이들 물질을 형성하는 다양한 화학물질 중에는 생물에 대해 해를 끼치는 유해물질도 함유되어 있어 원료, 제품, 폐기물의 형태를 변형시키면서 우리생활을 위협하고 있다. 유해물질에 의한 환경오염을 미연에 방지하기 위해서 선진국을 중심으로 공장시설로부터 폐가스나 배수에 엄격한 규제를 행하고 있음과 동시에 유해물질을 포함한 폐기물질의 처리에도 규제가 취해지고 있다. 그 결과 구제가 약한 아프리카 등의 개발도상국으로 유해폐기물의 수출이 행해지거나 이들 국가로부터 폐기물의 불법투기에 의한 심각한 환경오염이 심각한 상태에 이르고 있다. 이러한 사례는 각국에서 나타날 뿐만 아니라 유해폐기물의 국경을 넘어선 지구규모의 환경오염이 문제시되고 있다.

1) 유해폐기물

현재 수 십 만종에 이르는 화학물질이 생산활동과 관련하여 있으나 그 중에 어떠한 것이 유해물질로 취급되는가는 나라에 따라 크게 달라 통일적인 견해를 얻을 수 없다. 그 결과 유해폐기물의 발생량, 수출입량에 관한 정확한 실태는 명확하지 않다. 일반적으로 폭발성, 인화성(유기용제), 산화성, 부식성, 급성 독성(시안화물) 및 폭발성 독성(다이옥신 류), 방사성(핵연료폐기물) 및 병원성(의료폐기물) 등의 특성을 지니고 있는 것을 말한다. 이들의 유해폐기물은 생물에 대해 암, 신경장해, 이상출산, 간장이나 신장 장해, 유전자의 돌연변이 등의 악영향을 미친다고 알려져 있다.

공장의 생산과정에서 유해물질이 배출되는 경우는 폐기물로서 고농도에 집적된 것이다. 그 때문에 산업폐기물의 적절한 처리는 유해물질에 의한 지구오염을 방지하는 것이 중요한 의미를 지니고 있다.

2) 국경이동

현재 유럽에서만 연간 3,000만 톤의 유해폐기물이 발생되고 그 중 약 300만 톤이 유럽지역 내에서 국경 이동하여 처리되고 있다. 경제성장과 함께 폐기물의 발생량은 증대하고 제한된 국토에서는 처분할 수 있는 장소의 확보나 염가의 처리가 곤란하게 되어왔다. 게다가 처리에 곤란한 규제가 강화되어 가고 자국 내에서 적정한 폐기처분이 행해지지 못하여 국외 특히, 법규제 등이 약하고 저렴하게 처리를 행할 수 있는 개발도상국으로 국경 이동하게 된다. 이러한 경우 유해폐기물의 처리가 부적절하거나 불법 투기되는 경우도 많다. 또한 적재선이 입항을 거부당해 해상에서 표류되거나 불법으로 해상 투기되어 주변의 환경악화를 초래하는 사례가 많이 일어난다.

3) 바젤 조약

국경을 넘는 유해물질의 대규모 이동에 의한 환경오염으로부터 지구를 지키기 위해 1982년경부터 경제협력기구(OECD)나 EC를 중심으로 유해폐기물의 국경이동에 관한 규제의 국제적인 검토가 개시되었다. 그래서 아프리카 통일기구(OAU)가 유해폐기물의 수입을 금지하는 결의를 1988년에 행했다. 이와 같은 국제 간의 움직임으로 UNEP는 유해폐기물의 국경이동 및 그 처분의 규제에 관한 바젤 조약이 스위스 바젤에서 채택되었다. 그 내용의 골자는 다음과 같다.

① 유해폐기물의 국경이동의 원칙적으로 금지, 자국내 처분을 원칙

② 국경이동시 사전 통보 의무

③ 위법 국경이동의 경우에 폐기물의 발생국이 재수입 등의 조치를 취함

④ 개발도상국에게 기술협력 등을 위해 기금 설립

이 조약은 20개국 이상이 비준한 후 발효하게 되었다.

4) 장래문제

과학기술의 발달에 따라 발생되는 새로운 화학물질과 이제까지의 모든 것을 포함해서 올바른 처리를 실시하여 폐기하는 지구환경을 유지시키는데 대단히 중요한 일이다. 특히 그 처리에 고도의 기술을 요하는 유해폐기물에 대해서는 나라를 넘어선폐기동 처리가 유효하게 될 것이다. 그를 위해서는 오염지역의 회복을 포함한 유해폐기물을 안전하게 효율적으로 처리하는 방법을 개발해 나가는 것이 중요하다.

또한 한정된 자원의 효율적인 이용이 요구되고 있는 요즈음, 리사이클에 의한 자원을 회수하는 것은 금후 절실하게 필요하다고 생각된다. 어느 국가에서는 사용하지 않거나 기술적으로 회수가 곤란한 것을 다른 나라에 운반하여 재이용을 꾀하는 계획이 증가되고 있다.

4-3 오염의 정화

4-3-1. 대기의 정화

대기의 오염물질에 대해 최초로 행하는 것은 매연을 높은 기둥으로 내보내면서이다. 그 결과 대기의 오염은 국부적으로부터 광역적인 문제로 바꾸는 것이다. 다음으로 행하는 것은 오염의 원인물질을 화석연료나 매연으로부터 제거하는 것이다. 예를 들면 석유에 함유된 유황이나 질소는 연소에 의해 유황산화물(SO_x)이나 질소산화물(NO_x) 등의 오염물질로 된다. 그리고 석유에 함유된 유황을 수소와 반응시켜 유화수소로서 제거하는 수소화탈류법(hydro-desulfurization)이나 매연에 함유된 SO_x이나 NO_x를 알칼리로 중화해서 제거하는 방법이 고안되었다. 이들 방법은 대도시 대기 특히, SO_x의 경감에는 큰 효과를 거두어 왔다.

녹색식물은 SO_x나 NO_x를 흡수하여 영양염류로서 이용할 수 있다. 따라서 이들의 물질을 순환계 내에 넣을 수 있다. 이와 같은 기능의 최대치를 환경용량(environmental carrying capacity)이라 한다. 산업활동의 증대와 함께 SO_x나 NO_x의 배출용량도 증대하고 이러한 환경용량을 넘게 된다. 지구온난화의 원인물질인 이산화탄소 등에 대해서도 동일하다. 이들의 대기오염물질에 대해서는 종래의 농도규제로부터 총량규제가 실시되지 않으면 안된다.

4-3-2. 물의 정화

산업폐수나 생활폐수 등과 같이 유기물이나 염류가 함유된 물을 오탁수(오염수)라 한다. 따라서 이러한 오탁수를 정화시키는 것은 유기물이나 염류를 제거하는 것이다. 하천이나 호소에 유입된 유기물이나 염류는 수중의 미생물에 의해 일부는 미생물의 몸체에 동화되고 다른 부분은 물이나 이산화탄소 등으로 무기화된다. 증식한 미생물체는 수서 곤충에 섭식되어 일부 수서 곤충의 몸에 동화되고 나머지는 물(H_2O)이나 이산화탄소(CO_2) 등으로 무기화된다. 그 결과 유기물의 대부분은 H_2O나 CO_2로 되어 유기물과 염류의 일부는 어류의 몸체가 된다. 어류의 몸도 유기물로 되어 있기 때문에 이미 이를 오탁원이라고 부르지 않는다.

이와 같은 경우의 물을 자정작용(self-purification)이라 한다. 이때 유기물의 양에 비례해서 용존산소(DO)가 소비된다. 물의 DO 농도는 대략 10 ㎎ · L^{-1}정도이기 때문에 대량의 오탁원이 유입되면 DO가 소비되어 혐기상태로 되어 버린다. 혐기 상태가 되면 자정작용은 거의 정지된다. 그래서 산업폐수나 생활폐수는 유기물을 제거해서 하천이나 호소로 방출하고 있다. 이것을 배수처리(wastewater treatment)라 한다.

활성오니법(activated sludge process)은 가장 일반적인 폐수처리법이다. 배수는 우선 침전지에 넣는다. 그곳에 토사 등의 고형물은 침전시켜 오니로서 제거한다(1차 처리). 용해한 유기물을 함유한 오탁수는 폭기조로 들어간다. 여기에는 공기가 흡입되어 오탁수 중의 유기물은 활성오니에 흡착되고 동화되어 또한 호흡작용에 의해 H_2O나 CO_2 등으로 무기화된다(2차 처리). 활성오니는 floc의 집합체이다. floc은 세균(*Zoogloea, Pseudomonas, Bacillus* 속 등)이나 원생동물(*Vorticella, Opercularia* 속 등)로부터 되는 직경 2~3㎜의 덩어리이다.

즉 오탁수는 폭기조에서 3~4시간 체류한다. 이 사이에 오탁수 중의 100~300㎎·L^{-1}의 유기물은 1~3g·L^{-1}(건물)의 활성오니에 의해 동화되고 또한 무기화된다.

다음에 폭기조의 물은 최종 침전지에 들어간다. 여기에서 floc은 비중이 1보다 크기 때문에 침전된다. 상등액은 거의 유기물을 함유하지 않아 처리수로 되어 하천이나 호소에 방출된다. 이러한 과정으로 폐수 95% 이상의 유기물은 제거된다.

또한 폭기조로부터 침전지에 들어간 오니와 동일한 양이 폭기조에 반송된다. 용해한 유기물을 동화하는 것에 의해 생성한 오니는 잉여 오니로 된다. 이들은 생 오니와 함께 농축·탈수되어 소각이나 매립 등으로 처리된다.

폐수의 유기물 농도가 지나치게 높거나 독이 함유되어 있으면 floc가 가늘게 되거나 floc에 *Sphaerotilus* 속 등 실모양의 세균이 증식해서 침전하지 않게 된다. 이와 같은 상태를 bulking(팽화)라 한다. 이때 침전하지 않는 floc는 처리수와 함께 하천이나 호소에 유입된다. 따라서 최종 침전지에서 floc가 빠르게 침전하는 것은 양호한 처리수를 방류하기 때문에 매우 중요하다.

그런데 활성오니의 처리과정으로 폐수의 유기물 대부분이 제거되나 질소나 인등의 영양염류는 조금밖에 제거되지 않는다. 예를 들면 질소는 폐수 중 30㎎·L^{-1}에서 처리수의 20 ㎎·L^{-1}으로, 인은 3㎎·L^{-1}에서 2㎎·L^{-1} 정도 밖에 감소하지 않는다.

이와 같은 처리수의 영양염류는 호소 등에 유입되면 식물 프랑크톤의 증식을 촉진한다. 즉 폐수처리 과정에서 애써 제거한 오탁원의 유기물은 호소 등에서 다시 생산되게 된다. 따라서 현재의 폐수처리 노력은 광역적이고 장기적으로 보면 별 효과가 나타나질 않는다. 그렇지만 영양염류를 제거하는 3차 처리는 넓은 면적의 처리장을 요하는 비용이 들기대문에 거의 실용적이 되질 못한다.

또한 오니의 처리에도 비용이 들기 때문에 오니의 발생을 적게 하는 처리과정이 관리되고 있다. 그렇지만 오니는 영양염류의 수용체이기 때문에 잉여 오니를 적게 하면 저농도의 영양염류 처리수를 만들어 낼 수는 없다. 즉 제거된 유기물의 10~50%(건물)은 잉여 오니로 변화한다.

잉여 오니는 미생물의 덩어리이다. 이것을 퇴비화 기술을 도입하여 자원화하는 것은 질소나 인등을 물질순환계에 적절하게 투입하는데 있어 매우 중요하다.

그렇지만 오니로부터 만들어진 퇴비는 산업폐수에서 유래하여 중금속 등으로 오염된 경우가 많다. 따라서 이러한 퇴비의 투입에 의한 농경지의 오염 더 나아가서는 농작물의 오염이 우려된다.

[우리나라 물 값]

물 값이 너무 싸다. 이를 현실화시키지 않으면, 우리는 결코 선진화된 사회로 진입하기 힘들다. 맑은 물 없이는 개인의 건강도, 국민 전체의 삶도 개선도 기대할 수 없기 때문이다.

우리나라의 1인당 하루 물 사용량은 395L. 프랑스(281L), 일본(357L), 독일(132L) 보다 월등 많다. 우리보다 물 사용량이 많은 미국 캘리포니아(580L), 영국(497L), 호주(480L)는 개인저택에 수영장이 있거나 잔디에 자동 살수기가 설치 돼 있는 바람에 물 사용량이 많은 것이다.

국민소득 1,000달러당 물 사용량을 환산해보면, 우리 국민이 얼마나 물을 낭비하는지 쉽게 알 수 있다. 우리나라 (소득 1,000 달러당 41.6L)는 프랑스(10.9L), 일본(11.4L), 독일(4.8L), 미국 캘리포니아(21.5L), 영국(22.2L), 호주(23L)같은 선진국보다 2~8배나 물을 많이 쓴다. 이렇게 물 소비가 많은 이유는 물 값이 터무니없이 싸기 때문이다. 물 값이 비교적 싼 캘리포니아도 우리보다 4.6배 비싸다. 독일은 우리보다 7.7배나 비싸다, 만약 우리 물 값이 독일만큼 비싸다고 해도, 국민들이 지금처럼 물을 펑펑 쓸까? 사실 국민 개개인이 물에 지출하는 비용은 점점 늘어나고 있다. 수돗물을 믿지 못하니 100가구 당 54가구가 물을 끓여 마신다. 100가구 당 13집은 정수기를 설치했고, 12집은 시판 생수를 마신다. 물을 끓이고 식히는 데 드는 에너지 비용, 생수 구입 비용 등이 전부 물과 관련된 추가 지출인 셈이다.

2002년 헤이그 각료선언에서는 '21세기를 위한 물의 안정적 확보라는 주제로 선언문을 채택했다. 7가지 실천사항 중에서 '물의 합당한 가치를 부여하자'는 조항이 특히 강조됐었다. 이는 물이 갖는 경제 · 사회 · 환경 · 문화적 가치를 인정하고, 그에 합당한 가격을 매기라는 뜻이다. 터무니 싼 우리나라의 물값 구조가 낭비를 부채질한다. 국가적 투자우선 순위에서도 밀린다. 물값부터 올려야 한다. 그래야만 물을 귀하게 대접하는 의식 전환이 일어난다.

4-3-3. 폐기물의 처리

인간은 제품의 생산에는 열심이지만 폐기물의 처리에는 별로 관심을 기울이지 않아 이들 폐기물에 의해 환경 · 사회문제가 심각하게 되었다.

폐기물의 합리적인 처리에는 이것을 자원으로서 재 이용하는 물질순환계의 사회시스템이 필요하다. 이때 다음과 같은 점이 중요하다.

첫 번째, 젖은 쓰레기, 신문지, 플라스틱, 목재, 빈 병, 빈깡통, 건전지, 쇳조각 등을 각각 분리하여 회수하는 것이다. 간혹 분리 회수되지 않아 재 이용하는데 곤란한 점이 발생한다.

두 번째, 처리시스템은 지방의 자치단체나 단지 등과 같이 소규모 지역에서 완결할 필요가 있다. 현재 행해지고 있는 광역을 대상으로 한 처리 시스템은 거액의 사회자본과 대량의 석유에너지를 필요로 한다. 폐수처리와 그 오니의 자원화도 상황이 비슷하다.

세 번째, PCB나 플라스틱 제품같이 처리나 재 이용의 기술이 확립되지 않는 제품의 생산·소비는 될 수 있는 한 회피할 필요가 있다. PCB나 플라스틱 제품 등은 종속영양미생물의 분해를 받기 어렵기 때문에 자연환경 속에서 계속해서 잔류하게 된다.

네 번째, 제품의 가격에는 사용 후 처리비용을 표시해 두는 것이다. 현재는 사용유무에 관계없이 모든 사람들에게 처리비용의 부담을 강요하고 있는 실정이다.

막대한 폐기물 발생의 배경에는 막대한 물질을 소비하는 현재 산업이나 생활방식이다. 이러한 방식을 개선하지 않으면 폐기물의 문제가 해결되지 안되며 사람의 생존도 위험하게 된다.

4-4 환경 오염 피해 사례

4-4-1. 체르노빌 사건

1986년 4월 28일 아침, 스웨덴의 한 원자력발전소에서는 근무자가 방사능 반응조의 계기판을 점검하고 있었다. 반응조에는 아무런 이상이 없는데도 높은 방사능 수치가 관측되었고, 그 직원은 자신의 신발에도 방사능 물질이 묻어있는 것을 발견했다.

즉시 스웨덴의 전지역에 있는 원자력발전소와 방사능 관측소에 이상 여부를 의뢰했으나 다른 지역 역시 동일한 의문을 제기하고 있었다. 관측된 물질을 분석해보았더니 원자로에서 핵분열 시 일반적으로 생성되는 크립톤, 요오드, 세시움 등이었다. 그동안의 풍향을 분석해본 결과 그 물질은 구 소련으로부터 이동해온 것임이 드러났다. 그 날 저녁 모스크바 방송국은 우크라이나 지방 체르노빌에 위치한 원자력발전소의 사고 발생을 보도했다.

체르노빌 원자력발전소 사고는 서방세계에 알려지기 3일 전에 터빈 중지 실험을 하던 근무자의 실수로 발생했다. 원자력발전소에서는 핵분열 시 원자로에서 발생하는 열을 이용하여 물을 끓이고 여기서 나오는 증기로 터빈을 돌려 전기를 얻는다. 이때 원자로 과열을 방지하기 위해서 감속제를 이용하여 핵분열 반응속도를 조절하고 냉각제로 온도를 조절한다. 만약 원자로가 과열될 경우 폭발하게 되고 핵물질이 자연계에 누출된다.

1986년 4월 25일 이 발전소에서는 원자로에서 핵분열이 중단될 경우 관성의 힘으로 얼마나 오랫동안 터빈이 돌아가 발전이 가능할 것인가에 관한 실험이 진행되고 있었다. 불행이도 4호기 원자로 실험 도중 원자로 자동 냉각계에 관한 수칙이 지켜지지 않았고, 결국 4월 26일 새벽 1시 23분 원자로가 과열로 인해 폭발하여 8톤 가량의 방사능물질이 대기 중에 방출되었다. 수 천 톤의 철과 콘크리트로 만들어진 원자로 차단벽은 단 몇 초만에 폐허가 되었고, 원자로 내부의 핵연료는 수 천도의 온도에서 핵 화산과 같이 불타버렸다. 일본 히로시마 원폭투하 때보다도 천 배가 많은 방사능물질이 유출되었다. 유출된 방사능물질은 암, 백혈병, 사산 및 기형아 발생을 유발하는 물질로서 기류를 타고 사고지점으로부터 수 천 킬로 떨어진 곳까지 이동하여 폴란드 국경을 거쳐 핀란드 남부, 노르웨이, 스웨덴, 그리고 영국과 스페인을 포함한 전 유럽과 북부 아프리카 지역까지 뒤덮었다.

이 사고로 인해 현장에서 근로자31명이 사망하고 사고 후 방사능 중독으로 42명이 추가로 사망했다. 또한 사고지역 내의 많은 건물을 비롯해 자연 생태계가 심하게 오염되어 발전소로부터 30킬로미터 이내의 거주민 약 13만 5,000여명이 이주해야 했으며, 누출된 방사능물질이 상수원인 주변호수로 확산되어 우크라이나와 러시아지역에 사는 3,000만 명이 위험에 처하게 되었다. 사고 시 화재진화를 위하여 5천 톤의 납과 백운석 등이 투입되었고, 그 위에 콘크리트 1만 톤을 덮어두었으나 지금도 높은 수치의 방사능이 누출되는 것으로 보고되고 있다.

1986년에서 1990년까지의 통계자료에 따르면 체르노빌 방사능 영향지역에서 갑상선 질환, 암 , 백혈병 등의 발병률이 50% 이상 증가했으며 유산, 사산, 기형아 발생률도 크게 증가했다. 체르노빌 사고로 입은 재산상의 피해는 150억 달러로 추산되는데, 그 중 90퍼센트가 구 소련 지역에서 발생하였고, 나머지 10퍼센트는 인근 국가가 입은 피해이다. 구 소련 지역에서는 우크라이나와 사고지점과 인접한 러시아와 벨로루시가 가장 많은 피해를 입었다. 그 3개국에서만 900만 명이 직접 또는 간접으로 피해를 당했으며 이 중 최소한 80만 명이 피폭 우려자로 분류되고 있다. 1955년 유엔보고서에 따르면 이곳에서 머리가 둘 달린 망아지와 팔다리가 없는 기형아가 태어나는 등 여러 형태의 피해사례가 계속 보고되고 있다. 이러한 피해사례는 계속 증가하여 2000년에서 2010년 사이에 절정에 달할 것으로 예상되고 있다. 또한 사고 후 지난 10년 동안 이 사건에서 유출된 방사능 물질로 인해 1만 여명이 사망한 것으로 추정하고 있다. 누출된 방사능물질은 지구상에 계속 잔류하게 될 것이므로 장래 수천 내지 수백 만 명의 백혈병 및 암환자가 발생할 것이라고 전문가들은 경고한다.

인근 국가 중 패해가 크게 나타난 곳은 독일 남부, 그리스, 스칸디나비아 국가와 영국이었다. 누출된 방사능물질은 기상현상에 따라 계속 이동하여 인근 국가의 채소, 과일, 낙농제품 등을 오염시켰고, 결국 모두 폐기처분해야 했다. 당시 구 소련의 우방국이었던 폴란드, 루마니아, 동독 등과 같은 동유럽 국가에서 농산물 생산금지 조치가 취해졌으며 이로 인해 국민들의 반소 감정을 불러 일으켰다. 또한 원자력발전소가 없었던 덴마크와 노르웨이 등에서 반핵 운동을 촉발시켰으며 당시 독일에서 추진 중이었던 바커스도르프 원자력발전소 건설을 반대하는 중요한 근거를 제공하기도 했다.

현재 체르노빌 원전의 1호기와 3호기는 여전히 가동 중에 있는데, 이중 3호기에서 1996년 4월 24일 밤에 또다시 사고가 발생했다. 원자로의 공기를 배출하는 데 사용되는 배기필터를 교체하는 과정에서 한 기술자의 실수로 방사능이 유출된 것이다.

원자력 발전은 1955년 구소련에서 처음 실용화되었으며 지금까지 러시아에서만 9개 지역에 29기의 원자력 발전소가 가동 중이다. 그러나 기술적인 낙후성으로 인해 1993년 한해 동안 154건의 결함이 발견되어 원자로가 6회나 가동 정지한 적이 있다. 현재 러시아의 원자력 발전소는 언제 터질지 모르는 시한폭탄으로 불려지고 있다.

오늘날 우리가 사용하는 에너지의 대부분이 석탄과 석유 같은 화석연료와 새롭게 개발된 원자력에서 얻어진다. 원자력은 사고가 없을 경우 화석연료에 비하여 환경오염이 매우 적지만, 사고 시에는 엄청난 환경피해를 유발한다.

근무자의 안전수칙 불이행이라는, 사소해 보이는 원인에서 발생한 체르노빌 사고는 세계 전역에 걸쳐 엄청난 피해를 입혔을 뿐만 아니라 핵발전의 안정성에 대한 의문을 다시 한번 제기하는 계기가 되었다.

4-4-2. 미나마타 사건

1952년 일본 큐슈에 있는 미나마타라는 작은 어촌에서 이상한 질병이 나타났다. 하늘을 날던 물새가 갑자기 땅에 떨어지고 집에서 기르던 고양이들이 미친 듯이 뱅뱅 돌며 입에 거품을 내뿜는 괴이한 현상이 이 마을에서 일어나기 시작한 것이다. 마을 사람은 이것을 '춤추는 고양이 병'이라 불렀다. 그러다가 1년 뒤 이 병은 이곳주민들에게도 발병하게 되었는데 손과 발이 마비되고 통증과 오한, 두통, 시각장애, 언어장애 등이 주된 증상이었다. 심한 경우 격렬한 고통과 마비증상이 나타났다가 죽음으로 이어졌으며, 태어나는 아기들은 사산되거나 기형으로 출생했다.

보건당국이나 의사들은 세계적으로 보고된 적이 없는 이 병의 원인을 찾지 못하고 단순한 풍토병으로 생각했다. 그러나 이병에 걸린 사람 수가 늘어나고 고양이나 물새에서 나타나는 증상이 계속되자 1956년 7월에 와서 구마모토대학 다케우치 다다오 교수는 이러한 증상이 중추신경계와 뇌에 어떤 손상이 생겼을 때 발생하는 것이며 액체성 중금속인 수은 중독에 의한 증상이라고 주장했다. 그후 미나마타만의 해수와 해저 퇴적물, 그리고 부근에서 잡히는 물고기에는 다량의 수은이 함유되어 있고, 물고기의 섭취가 이 증상의 직접적인 원인임이 밝혀졌다. 또한 마나마타만이 수은에 오염된 원인은 만에 인접한 신일본 질소 비료공장에서 배출되는 폐수 때문인 것으로 드러났다.

질소 공장에서 배출한 폐수에 함유된 수은은 바다에서 희석은 되었지만 미생물에 의해 더욱 유독한 메칠 수은이라는 물질로 변형되어 이곳에 서식하는 생물들의 체내에 농축되었고 먹이연쇄를 따라 농도가 더욱 증폭되었다. 결국 수은이 고농도로 농축된 물고기를 오랫동안 먹어온 물새, 고양이, 사람들에게서 독성이 크게 나타난 것이다. 이 사건을 통해 세계에서 처음으로 생물농축 현상과 생물 증폭 현상이 보고되었다. 이것은 생물체가 주위 환경이나 먹이연쇄하위 생물체로부터 유해물질을 축적하는 현상이다. 당시 미나마타만 해수의 수은 농도는 최고 0.0006ppm 정도였으나 물고기에는 10~50ppm으로 최고 8만 배까지 농축되었다. 명백한 증거가 있음에도 불구하고 구마모토현과 일본 중앙정부는 병의 원인을 인정하지 않았다. 구마모토현에서는 식품위생법에 의거하여 이 지역을 어획금지 구역으로 선포하려 시도했으나 중앙정부는 연안 전역이 오염되었다는 명백한 증거가 없다는 이유로 어획을 계속 허용했다. 또한 중앙정부는 공장 폐수에 문제가 있는 것은 확실하나 원인물질이 명백히 규명되지 않는 한 폐수 배출 금지는 불가능하다며 폐수 배출도 허용했다. 공장은 계속해서 가동되었고 일부 주민들은 미나마타를 떠나기 시작했으며 남은 주민들의 투쟁으로 1959년 12월에는 공장 측이 피해자들에게 30만 엔 씩 지불한다는 합의로 사건은 일단 종결되었다.

그러나 6년 뒤인 1965년 이번에는 니이가타현 아가노강 하류에서 미나마타병과 동일한 병이 발생했다. 이 지역 주민들은 폐수를 방류한 쇼와전공을 상대로 소송을 제기했다. 이것은 일본 최초의 법정 환경분쟁이었다. 그 후 1967년 욧카이치 사건, 그리고 1968년 이타이이타 병으로 인한 소송이 연이어 제기되기 시작했다. 1968년에 와서 일본 정부는 미나마타 병은 질소

공장에서 배출된 수은에 중독되어 발생한 것이라고 공식적으로 인정했다.

정부의 공식 인정이 발표되자 1969년 미나마타 시민들은 10년 전인 1959년에 체결된 질소 공장과의 합의를 파기하고 총 6억 4,000만 엔을 요구하는 소송을 제기했다. 그 후 피해자들의 농성과 법정 투쟁이 계속되었고, 1973년 결국 피해자들이 승소했다. 질소 공장 측이 1인당 최고 3,000만 엔에 해당하는 보상금을 지불해야 한다는 판결이 내려진 것이다. 이때 집계된 피해로는 사망자가 43명이었고, 111명이 불치의 마비증상을 나타내고 있었으며 19명의 어린이가 심각한 기형증상을 갖고 태어난 것으로 나타났다. 그 무렵 또 다른 문제가 제기되었다. 피해가 있음에도 불구하고 환자로 인정받지 못한 미 인정 환자들이 그 후 매년 증가했으며 법정 투쟁을 시작하게 된 것이다. 미나마타뿐만 아니라 니이가타, 도쿄, 교토, 오사카, 후쿠오카 등에서도 미나마타병과 같은 증상을 호소하는 환자가 계속 나타나 법정 투쟁에 동참하기 시작했다.

미 인정 환자들의 법정투쟁은 그 후 수십년 동안 계속되어오다 1996년 5월 19일에야 마침내 종결되었다. 소송을 제기한 환자들은 1,984명으로 1인당 260만 엔의 보상금에 최종합의하고 소송을 취하했다. 이들이 이처럼 적은 보상금에 합의한 이유는 갈수록 보상을 받아야 할 생존자가 줄어들고 가해자가 보상능력이 없었기 때문이다. 가해자가 보상금 지불능력이 크게 부족하자 정부에서 기금을 조성하여 가해자에게 대부해주어 피해자에게 보상금으로 지불하는 형식을 취했다.

미나마타 사건의 가해자가 된 신 일본 질소 비료는 1908년에 미나마타 공장을 설립하여 비료, 화약, 화공약품 등을 생산하기 시작했으며, 일제 식민지 시대에는 우리나라 원산에도 질소비료공장을 건설하기도 했던 일본 근대화의 주역이었다. 그러나 1950년 초 미나마타병이 표면화되면서부터 공해병으로 인한 수난은 최근까지 이어졌다. 또한 물질적 피해보다 더 큰 신체적 병은 피해자들이 일생동안 안고 살아야 하는 고통으로 남았다.

지금도 미나마타시 사람들은 그들의 고장 이름을 이 끔찍한 병에 더 이상 붙이지 말 것을 정부에 호소하고 있다. 중금속이나 방사능물질, 유독성 화학물질은 사람의 유전자에 이상을 일으키기 때문에 당대에 증상이 나타나지 않더라고 후손에게 나타날 수 있다. 이 때문에 마나마타 출신은 결혼은 물론 취업 등 여러 가지 면에서 불이익을 당해왔다.

미나마타 사건은 발생에서 종결에 이르기까지 40여 년이 걸린 사건으로 20세기 환경사건 중 가장 오랜 기간이 소요된 사건이다. 1959년과 1973년 그리고 1996년, 세 차례에 걸쳐 가해자와 피해자간에 보상에 관한 합의가 이루어졌으나 아직도 일본에는 미나마타병 환자로 인정받기 원하는 사람이 1만 여명이나 더 있기 때문에 불씨는 여전히 남아있다.

4-4-3. 이따이 이따이 사건

일본 도야마현(富山縣) 진쓰강(神通川) 유역에서는 주민들이 1910년경부터 허리와 관절에 심한 통증을 느껴 오래 거주한 사람일수록 그 증상이 심하고 기침만 해도 골절이 될 정도로 뼈가 약해지고 뼈의 위축으로 키가 20cm 이상 작아 졌다.

이러한 증상은 특히 강 근처에 사는 농부나 그 가족에게서만이 나타났으며, 노동을 많이 하거나 20년 이상 이곳에 거주한 사람, 출산 경험이 있는 여성일 경우 그 정도가 더욱 심했다. 그러나 단순한 지역 풍토병쯤으로 여겨졌기 때문에 원인규명은 물론 병명도 없이 수 십년이 흘렀다. 다만 이 병에 걸린 사람들이 심한 통증을 호소한다 하여 일본말로 '아프다, 아프다'라는 의미의 '이따이 이따이'병이라고 불렀을 뿐이었다.

2차 세계대전이 끝난 직후 이 병의 원인규명이 처음 시도되긴 했으나 비타민C 결핍증으로 잘못 결론을 내렸다. 그리하여 지역주민들에게 비타민C를 지급하여 치료를 시도했으나 아무런 효과가 없었다.

이즈음 이곳에서 살고 있던 하기노라는 의사는 이병에 특별히 관심을 갖고 증상과 사망자 수 등을 조사하여 1955년 학계에 보고했고, 1961년에는 오카야마대 학의 고바야시 교수와 함께 이병의 원인을 규명했다. 이들은 이따이이따이 병이 이곳을 흐르는 진쓰강 상류 50킬로미터 지점 부근 카미오카현에 있는 미쓰이 금속광업에서 배출하는 카드뮴 때문에 나타나는 것이라고 발표했다. 이들은 환자의 신체조직에서 고농도의 납과 아연을 검출했고, 특히 수천 ppm에 달하는 카드뮴을 확인했다. 어떤 경우에는 카드뮴 농도가 1만ppm이나 되는 환자도 있었다.

미쓰이 광업은 반세기 이상 그곳에서 구리, 아연, 납 등을 생산해 왔다. 폐광석에 들어있던 카드뮴이 진쓰강을 오염시켰고, 이 강물은 하류의 논과 밭의 농업용수로, 주민들의 식수로 사용됨으로써 카드뮴이 인체에 들어가게 된 것이었다. 카드뮴은 칼슘과 구조가 유사하기 때문에 동물체내에서 뼈에 농축되며, 신장 기능에 장애를 일으킨다. 그러나 미쓰이 광업은 이를 단호히 부인했고, 이따이이따이 병은 과거에 밝혀진 대로 비타민 부족이 원인이라고 주장했다. 또한 이 지역 의사협회에서도 미쓰이 광업의 주장을 지지했다. 그후 주민들에게 부족하다는 비타민C를 나눠주고 섭취하게 했지만 효과가 없자 일본 후생성은 1968년에야 미쓰이 광업의 카드뮴이 그 병의 원인이라는 것을 인정했다. 당시 이 병으로 사망한 사람은 56명이었으며, 수백명이 고통을 당했다. 그러나 반세기가 넘는 동안 이 광산에서 배출된 카드뮴은 수많은 사람들을 희생시켰을 것이다.

이 사건은 공업화에 주력하던 당시 일본 국민들에게 환경오염에 관한 경각심을 일깨워주었다. 일본은 전쟁 준비를 위하여 과거 백년 동안 수없이 많은 곳에서 납, 아연, 구리를 채광했으며 전쟁이 끝나고 채산성이 없자 곳곳에 폐광을 그대로 방치해두고 있었다. 그리고 전후에 시작된 전자·전기산업의 발달에 따라 카드뮴의 사용량은 급속히 증가했다. 그러나

1968년 카드뮴에 의한 피해가 공식화되자 곳곳에서 규제가 시작되었다. 일본은 1970년 식품위생법을 개정하여 쌀의 카드뮴 함량을 규제했고, 1971년에는 환경청을 설립하여 카드뮴으로 오염된 쌀을 생산하는 농토를 조사하기 시작했다. 총 1만 1,700ha에 해당하는 117곳을 조사하여 그 중 25퍼센트가 카드뮴에 1ppm 이상으로 오염된 쌀을 생산한다는 것을 밝혀냈고, 곧 생산금지 명령이 내려졌다. 또한 이 사건을 계기로 세계 모든 나라는 식기를 카드뮴으로 도금하는 것을 금지했다.

우리나라에서도 폐광된 광산의 폐수가 그대로 하천으로 배출되는 사례가 보고되고 있다. 광산폐수에 함유된 다량의 중금속은 여러 경로를 통해 우리 몸 속으로 들어 올 수 있다. 따라서 폐광지역에서 배출되는 폐수를 철저히 규제하고 관리해야 한다. 또한 이타이이타이 사건의 원인이 된 카드뮴은 우리가 늘 사용하는 건전지 속에 많이 들어 있다. 이 사건은 사용한 건전지의 회수가 왜 필요한지를 알려주는 참혹한 전례이다.

4-4-4. 고엽제 사건

1960년대와 70년대에 걸친 베트남전은 분단된 베트남을 통일하는 계기가 되었지만 한편으로는 미국을 비롯한 참전국들에게 많은 인명희생과 물질적 손실을 안겨준 전쟁이었다. 그 중에서도 고엽제에 의한 피해는 전쟁이 끝난 지 수 십 년이 지난 지금도 보고되고 있다.

베트남전 당시 미국의 큰 골칫거리는 밀림 속에 숨은 적군의 반격이었다. 또한 대형무기를 바탕으로 하는 미국식 전쟁방법에는 밀림이 큰 장애물이었다. 제2차 세계대전 당시 남태평양 전투에서 밀림 속에서 전쟁을 치른 경험이 있는 미국은 1962년 베트남전 개입직후 밀림 제거를 위해 제초제를 사용하기 시작했다. 미국은 1944년과 1945년에 이미 뉴기니 전투에서 밀림 제거용 화학물질을 개발하여 사용한 것으로 기록되어 있다.

처음에는 에이전트 그린, 핑크, 퍼플 등으로 불리는 제초제가 소규모로 사용되었다. 그러나 1964년 통킹만 사건을 계기로 미국은 베트남전에 본격적으로 개입하게 되었고 1965년부터 '에이전트 오렌지'라 불리우는 효능이 뛰어난 제초제를 개발하면서 대량으로 살포했다. 에이전트 오렌지는 이 물질을 담았던 통이 오렌지색이었기 때문에 붙여진 이름으로 2,4,5-T와 2,4-D라 불리 우는 두 종류의 화학물질을 50:50의 비율로 혼합한 것으로 베트남의 밀림을 제거하는 데 매우 뛰어난 효과를 보였다. 이것을 살포한 밀림의 나뭇잎이 말라죽어 떨어졌기 때문에 베트남전에 참전한 우리나라 군인들 사이에서 이 물질은 고엽제라 불려졌다.

미 공군은 랜치 핸드라는 작전부대를 두고 베트남 전역에 비행기로 고엽제를 살포하는 임무를 전담시켰다. 밀림 속에 숨어 있는 베트콩의 출현으로 전방과 후방의 구분이 없었던 베트남전에서는 전국토의 밀림지역이 살포대상이었으며 적군의 식량 조달원인 농경지도 주요 살포대상 지역이었다. 에이전트 오렌지는 베트남인의 주식인 콩, 땅콩, 감자, 망고 등을 제거하는 데 매우 효과적이었다. 또한 에이전트 오렌지가 벼를 고사시키는 데는 별 효과가 없자 미국은 에이전트 블루라 불리는 맹독성 물질인 비소를 함유한 제초제를 개발하여 벼를 경작하는 논에도 살포했다.

미국은 베트남전에서 10년에 걸쳐 7,200만 리터의 고엽제를 살포한 것으로 기록되어 있다. 살포량의 90퍼센트는 밀림 제거를 위한 것이었으며, 8퍼센트는 적군의 농경지에 살포하여 식량을 제거했고, 나머지 2퍼센트는 아군의 진지 주위에 살포하여 적군의 침입을 경계하는 데 사용되었다, 그러나 이 고엽제 살포가 밀림전을 수행하는 데는 매우 큰 성과를 거두었으나 그 뒤에는 엄청난 환경재난이 기다리고 있었다. 고엽제의 절반을 차지하는 2,4,5-T는 제조과정에서 반드시 다이옥신이라는 맹독의 화학물질이 불순물로 포함된다. 고엽제와 함께 살포된 다이옥신으로 인해 전쟁 뒤 베트남인과 전쟁에 참여한 군인들은 엄청난 피해를 겪었다. 고엽제 살포 당시에는 다이옥신의 유해성도 과학적으로 규명되지 못했고 2,4,5-T 제조과정에서 발생하는 불순물의 함유 비율도 알려지지 않았으며 이 유해한 불순물을 제거하려는 노력도 기울이지 않았다.

다이옥신의 유해성이 알려지지 않은 상태에서 고엽제를 살포하는 것이 과연 안전한가라는 의문이 1966년 미국 과학자협회에서 처음 제기되기 시작했다. 이들은 베트남전에서 제초제를 계속적으로 대량 살포한다면 환경이 변화되고, 결국 인간과 생명이 살아가는 자연에 큰 피해를 유발할 것이라고 경고했다. 그리고 1967년에는 미 국방부에 고엽제가 장래 베트남에서 어떠한 영향을 나타낼 것인지 조사할 것을 제의했다. 같은 해 미국 과학자 5,000여명은 대통령 과학자문위원에게 고엽제 사용금지 청원서를 제출했다. 이들은 전쟁에서의 화학물질 사용의 위험성과 제초제로 적군의 식량을 제거하는 비인도적인 처사를 강력하게 비난했다. 이러한 경고가 계속되자 미국 정부로서는 밀림 제거를 위한 고엽제 살포가 화학무기 사용으로 오인되어 국제사회의 지탄을 받을까봐 두려웠다. 이러한 오해를 벗어나기 위해 군사용어 뉘앙스를 풍기는 에이전트 오렌지라는 용어 대신 제초제 오렌지라는 용어를 사용하기도 했다. 한편 미 국방부는 미드웨스트 연구소와 연구 계약을 맺고 고엽제 사용에 대한 문제점을 조사했다. 그러나 이 연구소는 월남 현지에 가보지도 않고 그때까지 발표된 제초제에 관한 연구논문 1,500여 편을 검토하고 140여명의 전문가를 면담한 후 3개월만에 연구결과를 제출했다. 미드웨스트 연구소는 고엽제 사용에 따른 장기적 피해가 없다는 결론을 내렸다. 또한 벼를 제거하기 위해 사용되는 에이전트 블루에 함유된 비소가 어떤 결과를 유발할 것인가에 관해서는 기존 연구결과가 없다고 언급했다. 후에 이 연구는 장기적 피해에 관한 조사를 시도하지도 않은 데 대한 비판을 면치 못했다.

1968년에 당시 주 베트남 미국대사 엘스워스 번커는 미국 농업연구소의 프레드 트철리 박사를 베트남 현지에 초청하여 고엽제 사용에 따른 피해를 조사하도록 의뢰했다. 트철리 박사는 고엽제 사용이 심각한 생태계 피해를 유발하고 있으며 특히 물고기와 조류의 주요 서식처인 해안지역의 밀림이 크게 파괴된 것으로 보고했다. 1969년 몬타나대학의 파이퍼교수와 고엽제 사용에 따른 생태계 피해를 조사했다, 이들 두 교수 역시 앞서 트철리 박사의 조사결과를 재확인했고, 고엽제 사용은 금지되어야 한다고 경고했다.

1969년 미국 국내에서 고엽제 사용에 관한 결정적인 연구결과가 제시되었다. 2,4,5-T가 동물에 기형 발생을 유발한다는 실험결과가 보고된 것이다. 이 실험결과에 의하여 미국 농무부(미연방환경보호청이 설립되기 전에는 농무부가 살충제, 제초제 등에 따른 환경피해를 관장했다.)는 주택부근 농장에서의 2,4,5-T 사용을 금지시켰다. 또한 1969년 10월에는 닉슨 대통령 과학자문위원이 베트남에서 고엽제는 사람이 없는 곳에만 살포되어야 한다고 경고했다. 그러나 미국무부는 지금까지 고엽제는 사람이 살지 않는 곳에 살포되어왔기 때문에 이 경고는 아무 의미가 없다며 일축했으나 5개월 뒤인 1970년 3월 베트남에서 고엽제 사용을 25퍼센트 감축하겠다는 의사를 표명했다. 그리고 한달 뒤인 1970년 4월에 미 국무부는 베트남에서 고엽제 사용을 전면 금지하겠다고 발표했다. 1972년 4월에는 미 공군에 남아있던 137만 갤런의 고엽제를 폐기 처분했다. 자연에서 분해되지 않는 다이옥신은 고온에서는 처리가 가능하나 소각로를 설치할 장소를 구하기가 어려웠으므로 결국 고온의 소각로를 설치한 배를 이용하여 공해상에서 분해하는 방법으로 처분되었다.

실제 베트남에서 다이옥신이 함유된 고엽제를 살포한 기간은 5년에 지나지 않는다. 그러나 고엽제와 함께 뿌려진 다이옥신으로 인해 전쟁 후 베트남에서는 태아의 절반이 사산되고 기형아 발생율이 전쟁 전에 비해 10배나 높게 나타나고 있다. 또한 전쟁에 참여했던 미군과 우리나라 군인들의 피해는 지금도 나타나고 있다. 참전 군인들의 암 발병률이 높고, 기형아가 태어나고, 정신 질환자도 많이 발생하는 것으로 보고되고 있다.

베트남전에 참전한 우리나라 군인 중 고엽제 후유증을 호소한 사람은 4만 8,000여명이었으며 이 중 2,755명이 후유증 환자로, 2만 618명이 유사 후유증 환자로 지정되어 현재 정부로부터 연금과 수당을 지급 받고 있다. 미국에서는 24만 여명이, 호주는 1,200여명이 베트남전 고엽제 피해자로 등록되어 정부로부터 보상금을 받고 있다. 또한 베트남은 고엽제 살포와 폭격으로 농토의 40퍼센트가 황무지로 변했으며 밀림의 절반을 잃었다.

이 사건은 전쟁에서 비롯된 엄청난 환경피해를 우리에게 보여주었다. 국제 자연 보호 연합회는 전후 베트남의 자연환경을 그대로 두면 회복이 불가능하여 불모의 땅이 될 것이라고 경고하면서 이를 막기 위해서는 베트남 전역에 5억 그루의 나무를 심어야 할 것으로 추정했다. 또한 이 사건은 자연에 살포되는 화학물질에 어떠한 유해물질이 함유되어 있는가를 사전에 철저히 조사해야 한다는 쓰라린 교훈을 일깨워주었다.

1999년 11월에 와서 우리나라 비무장지대에도 1968년과 1969년 2년 동안 다량의 고엽제가 살포된 것이 확인되었다. 당시 비무장지대를 통한 북한 무장공비의 침투가 잇따르자 주한 미군은 우리 정부의 양해와 지원 아래 서부전선과 동부전선 그리고 철원계곡 등에 고엽제 원액 2만 1,000갤런을 살포하였다. 살포지역은 철책선 양쪽 100미터 이내와 주요 도로 10미터 이내 그리고 지휘소와 같은 전술적 중요지역이며 총면적 2,221만평에 해당하는 것으로 드러났다.

2년 동안 동원된 한국군은 7만 여명으로 추정하고 있으며 이들은 단순히 제초제 정도인줄만 알고 아무런 방비 없이 고엽제에 노출된 것으로 알려졌다. 살포 당시에도 고엽제의 피해가 논란이 되고 있었으며 70년대에 치명적인 독성이 확인되었음에도 불구하고 30년이 지난 지금에 와서 밝혀짐에 따라 미군과 우리정부의 도덕성이 다시 한번 도마 위에 오르게 되었다.

<자료 : 지구촌 환경재난, 1999>

부 록

용어해설

1. 환경기준

사람의 건강을 보호하며 생활환경을 보존하기 위한 기준으로 대기, 수질, 소음, 진동에 대한 기준을 두고 있으며, 환경정책기본법에 근거하고 있다. 환경기준은 규제기준이라기보다는 정부가 지향하는 일종의 목표기준이다.

2. ppm(part per milion)

물이나 공기의 오염도를 나타낼 때 피피엠(ppm)을 많이 쓴다. ppm은 10만분의 1단위를 나타내는 것으로 1,000L의 물속에 티스푼(1cc) 하나의 오염물질이 섞여 있는 정도를 말한다.(㎎/L: 수질오염측정단위로 물 1L에 녹아있는 오염물질의 양)

3. 생물학적 산소 요구량(BOD : Biochemical Oxygen Demand)

유기물에 의한 수질오염의 정도를 나타내는 지표로 물 속의 오염물질 양을 이용하여 측정하는 방법으로 미생물의 유기물 분해시 필요로 하는 산소의 양을 나타내는 값. 일반적으로 인위적 오염이 없는 하천의 BOD는 1ppm 이하이고 잉어, 붕어등 비교적 오염에 강한 물고기도 생육환경 BOD는 5ppm 이하이다.

4. 생화학적 산소 요구량(COD : Chemical Oxygen Demand)

유기물에 의한 수질오염의 정도를 나타내는 지표로 물 속의 오염물질을 화학적으로 산화시키는데 필요로 하는 산소량을 나타낸 값. BOD에 비해 단시간에 측정 할 수 있는 특징이 있다.

5. 용존산소(DO : Dissolved Oxygen)

용존산소는 물 속에 용해되어 있는 산소의 량을 말한다. 산소가 물 속에 용해하는 량은 기압, 수온, 용해염류 농도에 따라 영향을 받으며 물 속에 유기물이 있으면 DO는 소비되고, 한편 수중식물의 탄산작용이 이루어지면 DO는 높아진다.

6. pH(수소이온 농도)

용액의 산성, 알칼리성을 나타내는 척도. 수용액이 존재하는 수소이온의 그램이온(수소이온농도)은 1보다 훨씬 작은 수인 경우가 많으므로 수소이온의 역수에 대한 상용로그를 수소이온지수로 난타내 사용한 것이 pH이다. pH는 0에서 14까지 있으며, 용액이 산성이면 pH는 7보다 작고, 알칼리성이면 7보다 크며, 산성비는 pH5.6 이하를 말한다.

7. ABS(Alkyl Benzene Sodium Sulphonate)

음이온계면활성제의 총칭이다. 합성세제의 원료로 쓰이며 물 속에서 잘 분해가 되지 않고 잔류하며 거품을 일으키고, 산소의 공급차단, 하수처리 능력저하 등의 원인이 되는 물질이다.

8. 대장균 군(Coliform group)

사람 및 동물의 장내에 기생하는 세균이 물 속에 함유된 정도를 측정하여 물이 오염된 정도를 판단하는 척도이다. 단위로는 MPN(Most Probale Number : 최적확수)으로 표시하며, 100㎖소에 몇 마리의 대장균이 들어 있나를 나타낸다.

9. 부영양화

깨끗한 물에 질소나 인과 같은 유기물이 많은 하수나 폐수가 유입되면 이들 영양분은 먹이로 하는 미생물과 물 속의 식물들이 급속히 번식하여 물 속에 녹아 있는 산소를 다 소모하고 잡초나 침전물들이 밑바닥에 쌓여 오염된 물로 변해 악취를 풍기며 썩어 물고기들이 살수없게 되며, 결국 생태계의 균형이 깨지게 됩니다.

10. 적조현상

바닷물에 각종 오염물이 유입되어 식물성 플랑크톤이 과다하게 번식되어 빨간색, 갈색, 녹갈색, 황갈색으로 변하는 현상으로 물 속의 산소가 고갈되어 물고기가 집단 폐사 하기도 하며, 유독 플랑크톤까지 번식하며 이것을 먹은 물고기가 사람에게까지 피해를 입힌다.

11. 다이옥신

제초제 등 농약에 사용되는 독성이 강한 물질로, 소각로 에서 불완전 연소 시 발생하며 발암성, 유전독성을 가진다. 대기 중에 있는 다이옥신은 입자상 물질 표면에 강하게 흡착되어 지표면으로 퇴적되는데 이로 인해 소각장 주변의 수질, 토양이 오염된다.

12. CO(일산화탄소)

연료의 연소 시 불완전연소로 발생하며 자동차 배출가스, 연탄가스에 다량 함유되어 있으며 호흡시 인간이나 동물의 헤모글로빈을 파괴한다.

13. 열섬효과

아스팔트와 고층건물은 토양에 비하여 낮 동안 일사량을 많이 흡수했다가 서서히 방출하고 자동자 배출가스등 영향으로 대도시 도심부가 주위보다 높은 열섬을 형성하는 현상이다.

14. 환경영향평가

개발이 이루어진 후 손상된 환경을 회복하기에는 현저한 어려움이나 막대한 비용이 필요하게 되며 회복이 불가능 할 때도 있다. 따라서 환경영향평가는 공업단지, 도로, 항만, 공항, 수자원, 관광단지, 에너지 개발등의 개발행위의 실시에 앞서 계획단계로부터 대기, 수질, 토양, 폐기물, 생태계등 환경에 미치는 영향을 사전에 예측, 평가하여 그 저감방안을 도출하는 것을 말한다.

15. 지방의제21(Local Agenda 21)

의제(Agenda)란 '토의할 과제, 해야 할 일'이란 뜻으로 「의제21」은 21세기를 대비해 전 인류가 실천해야 할 과제를 의미합니다. 1992년 6월 브라질 리우에서 열린 유엔환경개발회의는 각 지방자치단체가 환경보전을 위한 행동계획을 시민과 합의하여 만들도록 권고하고 있습니다. 현재 전 세계 49개국 1500여 지방자치단체가 「지방의제21」 작성에 참여하여 각 자치단체의 21세기 미래상을 만들어가고 있다.

16. 환경마크

환경마크 상품은 같은 기능을 가진 다른 상품에 비해 생산, 소비, 폐기과정에서 환경오염을 적게 일으키거나 에너지 또는 자원을 절약할 수 있는 상품임을 인정하여 주는 '환경친화적인 상품에 대한 품질인증제도'이다. 환경마크 대상 품목은 재생종이, 재생화장지류, 재생비누, 폐타이어를 이용한 제품 등이다.

※ 환경마크는 자연의 모습을 담았습니다. 태극은 우주 만물의 구성원리를 상징하는 것으로 우리나라를 나타낸다. 나무와 새는 자연을 구성하는 동물과 식물의 생명력을 대표하며 그 주위는 물고 나물, 흙, 공기를 상징하고 있다. 마크의 주를 이루고 있는 녹색은 푸른 자연을, 청색은 맑고 깨끗함을 상징한다.

17. 그린라운드와 IOS

14000 그린라운드(Green Round)란 환경보호를 무역과 연계시켜 진행하는 국가간협상을 환경인증제도(IOS-14000)는 국제적으로 환경관련규칙을 통일하여 제품 및 이를 생산하는 기업에 대해 환경인증을 주는 제도이다.

18. 그린피스(Green Peace)

대표적인 환경관련 반공해 국제단체로써 국제적인 조직을 갖고 있으며 세계적인 환경보전운동을 전개하고 있다.

19. 님비증후군(NIMBY Syndrom)

모든 사람이 쓰레기를 버리지만 쓰레기를 좋아하는 사람은 없을 것이다. 쓰레기를 처리하기 위해서는 처리시설이 필요하며, 대부분 매립에 의하여 처리하고 있다. 매립지 주변에는 쓰레기 반입으로 인한 악취 발생, 쓰레기 흩날림, 침출수에 의한 하천 및 토양오염등 부작용이 있다. 그리하여 쓰레기 매립장을 포함한 혐오시설의 설치반대가 날로 증가되고 있다. 이러한 것을 가리켜 님비증후군이라 하며, 이것은 '내 집 뜰에는 안 된다. (Not in my backyard)'의 머리글자로 자기주변에 혐오시설의 설치를 반대하는 표현이다.